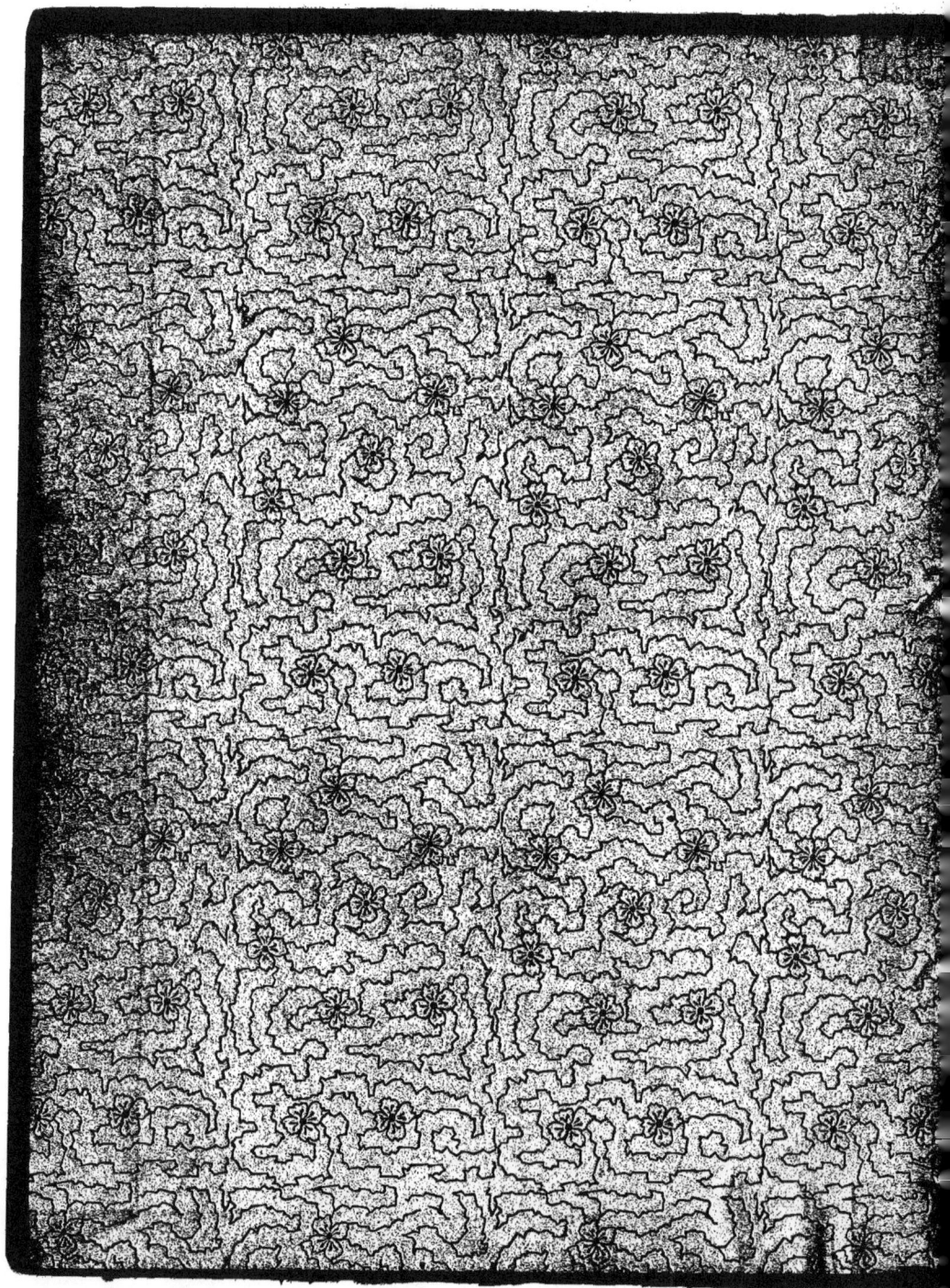

LAMARCK

ET

LE TRANSFORMISME ACTUEL

PAR

M. EDMOND PERRIER

PARIS

IMPRIMERIE NATIONALE

M DCCC XCIII

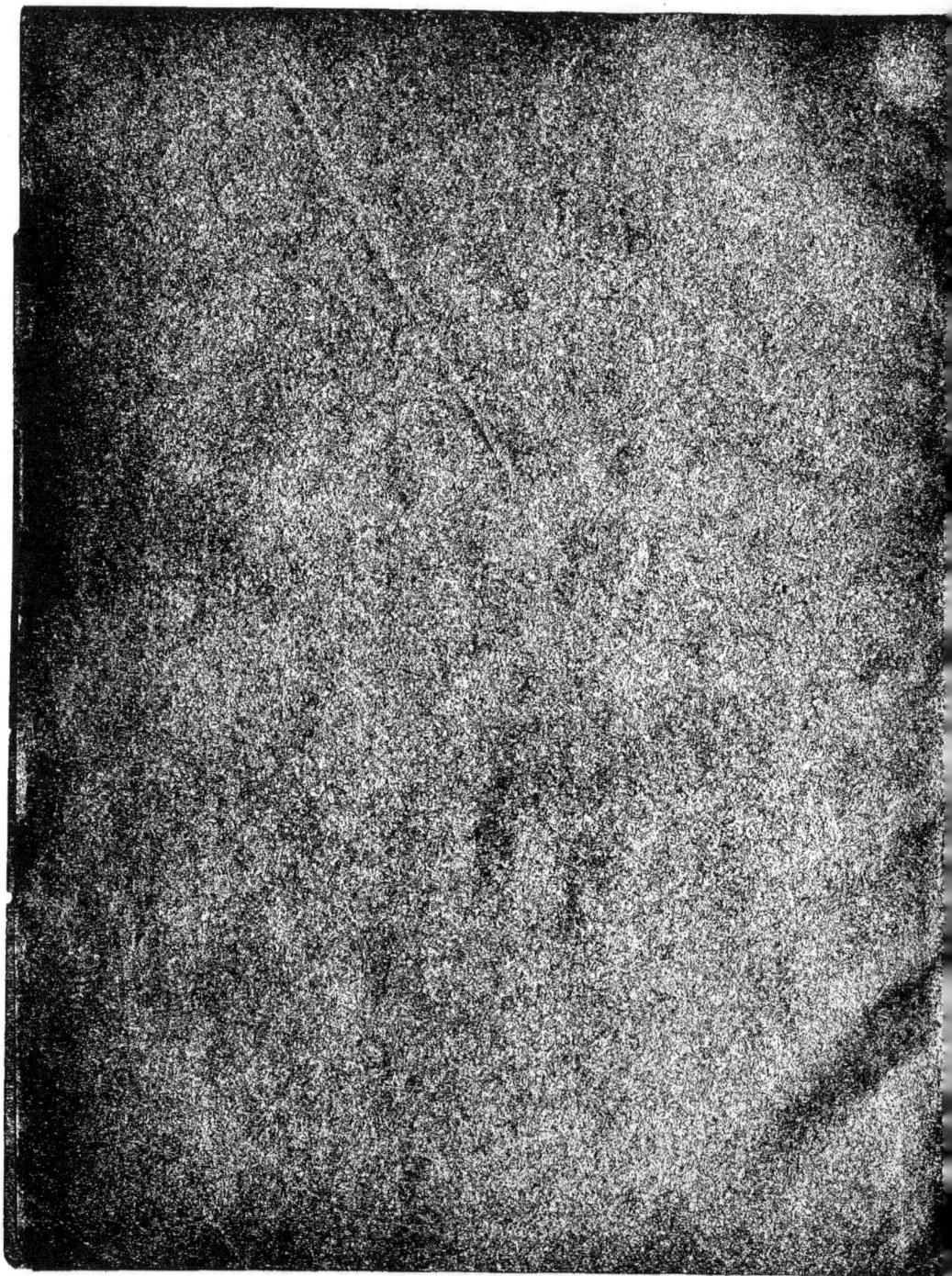

LAMARCK

ET

LE TRANSFORMISME ACTUEL

EXTRAIT DU VOLUME COMMÉMORATIF

DU CENTENAIRE

DE LA FONDATION DU MUSÉUM D'HISTOIRE NATURELLE

LAMARCK

ET

LE TRANSFORMISME ACTUEL

PAR

M. EDMOND PERRIER

PARIS

IMPRIMERIE NATIONALE

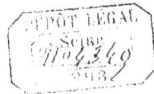

M DCCC XCIII

LAMARCK

ET

LE TRANSFORMISME ACTUEL.

I

Aux trois grands zoologistes qui, dans la première moitié de ce siècle, donnèrent un si vif éclat au Muséum national, récemment tiré par la Convention des débris du Jardin du Roi et du Cabinet d'histoire naturelle, la destinée fut très inégalement clémente. Cuvier recueillit de son vivant la plus grande somme de gloire qu'il soit donné à un savant d'acquérir et mourut presque tout-puissant. Geoffroy Saint-Hilaire exerça une influence profonde sur l'élite des esprits philosophiques de son temps[1], mais cette influence, tout intellectuelle, fut insuffisante à préserver sa vieillesse d'épreuves auxquelles ses derniers ouvrages[2] font de fréquentes et attris-

[1] Gœthe, Jean Reynaud, Pierre Leroux et bien d'autres ne lui ménagèrent pas les témoignages de leur enthousiaste admiration.

[2] Geoffroy Saint-Hilaire, *Études progressives d'un naturaliste*, 1835; *Discours préliminaire.* — Ibid., *Mémoires de paléontologie*, 1837; c'est le titre d'une lettre imprimée, adressée par E. Geoffroy Saint-Hilaire à ses confrères de l'Académie des sciences, à l'occasion d'une attaque dont ses travaux avaient été l'objet de la part de Frédéric Cuvier, dans la séance de l'Académie, du 27 août 1837. — Ibid., *Notions de philosophie naturelle*, 1838, p. 111 et 118. — Ibid., *Fragments biographiques*, 1838; voir surtout la troisième annotation, intitulée : *Vieillesse outragée*, à l'article sur Buffon,

p. 137 et 357. Geoffroy termine ce dernier ouvrage en annonçant l'intention de s'exiler : « J'irai donc à l'étranger chercher quelque peu de la considération, des sentiments d'estime qui ne me sont plus accordés sur le théâtre de mes travaux. »

Il ne paraîtra pas hors de propos de reproduire ici le *Discours préliminaire* qui précède les *Études progressives d'un naturaliste*, ouvrage aujourd'hui fort rare. Non seulement il contient plus d'un enseignement utile à méditer, mais il nous donne de précieuses indications sur l'état d'esprit qui s'établit au Muséum, après la mort de Cuvier, et sur la façon dont fut compris le rôle des personnages qui intervinrent dans la restauration du Muséum par un des témoins et des premiers bénéficiaires de cette

tantes allusions. Lamarck dut à sa science de nomenclateur une célébrité de spécialiste; malheureusement, loin de soupçonner en lui le penseur profond, le créateur d'une grande doctrine, ses contemporains n'eurent que dédaigneuses critiques pour la *Philosophie zoologique*, l'*Introduction à l'Histoire des animaux sans vertèbres* et le *Système des connaissances positives de l'homme;* Lamarck, entré à l'Académie en 1779, comme botaniste[1], mourut cinquante ans après dans une profonde misère.

Il semble que la part de gloire immédiate recueillie par ces trois illustres naturalistes ait été mesurée par le nombre des idées que chacun d'eux partageait avec ses contemporains. Comme Linné, Cuvier croyait à la fixité des formes vivantes et recherchait une classification naturelle des animaux, conforme à quelque plan idéal de la création; comme les de Jussieu, il donnait pour base à sa classification le principe de la subordination des caractères; comme Bonnet et les naturalistes que l'on désignait à cette époque sous le nom d'*évolutionnistes,* il pensait que chaque individu, animal ou végétal, commençait par un germe semblable à lui, et n'en était qu'un agrandissement; ses comparaisons anatomiques, comme celles d'Aristote, étaient basées sur le *principe de la corrélation des formes,* simple corollaire du principe plus général des causes finales; le renouvelle-

restauration. Les *Études progressives d'un naturaliste en 1834 et 1835* furent dédiées par Geoffroy Saint-Hilaire à ses anciens collègues « réunis sous l'autorité de la loi du 10 juin 1793, en une École de haut enseignement appliqué à toutes les branches des sciences naturelles : Cuvier, Daubenton, Desfontaines, Dolomieu, Fourcroy, Haüy, A.-L. de Jussieu, Lacépède, de Lamarck, Latreille, Thouin, Vauquelin ». Cette dédicace, dans laquelle le « doyen des professeurs actuels » du Muséum invoque la protection de ses premiers collègues contre un état de choses qu'il redoute de voir s'établir, est suivie du *Discours préliminaire,* que l'on trouvera à la fin de ce travail, comme pièce justificative. La reconnaissance vouée à Lakanal par Geoffroy Saint-Hilaire montre que si les futurs professeurs du Muséum avaient préparé la réforme de 1793, ils étaient fort embarrassés pour faire passer leur projet de l'état de *vœu* à celui de *réalité.* Lakanal vint à point les tirer d'embarras et eut le louable mérite de comprendre la réforme qui lui était propo:ée et de la faire aboutir. Ce n'est presque rien, puisque Lakanal n'inventa pas le projet des officiers du Jardin du Roi et du Cabinet d'histoire naturelle, et c'est tout, puisque, par lui, de ce projet sortit le *Muséum national d'histoire naturelle.*

[1] La section de botanique de l'Académie des sciences peut de même revendiquer l'honneur, décliné par la section de zoologie, d'avoir rattaché Darwin à l'illustre compagnie, à titre de correspondant étranger.

ment de la création biblique n'avait rien qui pût effrayer son esprit, et la théorie des créations successives vint à point compléter, après lui, sa théorie des révolutions du globe qu'il croyait irréfutablement établie par la découverte d'un Mammouth congelé dans les glaces de la Sibérie; ces révolutions n'étaient, du reste, que la répétition du déluge hébraïque. La division du règne animal en quatre embranchements; la démonstration de ce grand fait: la disparition totale d'anciennes espèces, ne troublèrent en rien ce fonds d'idées reçues auxquelles Cuvier est toujours demeuré attaché et qu'il maniait d'ailleurs avec une éloquence merveilleuse, une incomparable science des faits et une souplesse de dialectique toute théologique.

Geoffroy Saint-Hilaire se montre bien différent de Cuvier. Les classifications le préoccupent peu; il admet une variabilité des espèces suffisamment large pour qu'il soit possible de faire dériver les espèces actuelles des fossiles. Les premières espèces ont-elles été créées de toutes pièces? Il semble qu'il ne saurait en être autrement, puisque toutes ont, suivant lui, un égal degré de complication et que *l'unité de plan de composition* du règne animal est le fondement de ses plus belles conceptions scientifiques; mais il réserve à l'avenir la solution du problème et tente seulement d'en approcher en formulant *la loi de l'attraction de soi pour soi*. La loi de l'unité de plan de composition, il l'emprunte d'ailleurs, de son propre aveu [1], à Buffon et à Vicq d'Azyr; elle n'est donc pas absolument neuve, mais il la fait sienne par les développements qu'il lui donne, par les arguments sur lesquels il l'appuie et surtout par les principes d'investigation scientifique qu'il en déduit: *principe des connexions, principe du balancement des organes,* comparaison des embryons des animaux supérieurs aux formes inférieures actuelles, etc. Ces principes ont une telle valeur qu'ils ont sans cesse guidé dans leurs recherches les propres disciples de Cuvier. Contre Cuvier, Geoffroy défend encore la vraie doctrine embryogénique; il ne croit pas que tous les organes de l'adulte soient préformés dans l'embryon; ils s'y forment successivement, et cette conviction, appuyée sur des observations précises, devient pour lui le point de départ

[1] Ét. Geoffroy Saint-Hilaire, *Fragments biographiques*, 1838, p. 43 et 127.

d'une science nouvelle, la *science des monstres* ou *tératologie*. Les idées d'u-
nité de plan de composition des animaux, de transformation des espèces,
d'épigénèse, flottaient déjà dans l'esprit des philosophes du xviiie siècle;
elles sont suggestives, alimentent facilement les spéculations des esprits
curieux; pour les esprits d'avant-garde du commencement du xixe, Geoffroy
Saint-Hilaire est le naturaliste par excellence; si les honneurs et les hautes
fonctions ne viennent pas le chercher, comme Cuvier, dans sa retraite stu-
dieuse du Muséum d'histoire naturelle, sa célébrité ne le cède en rien à
celle du fondateur de la paléontologie, et ce n'est que justice.

Lamarck, à beaucoup près, n'est pas aussi heureux. Il a une conception du monde bien différente de celle de ses émules et qui ne peut s'appuyer sur aucune autorité antérieure. Les de Maillet, les Robinet, les
Érasme Darwin, qui ont pu rencontrer avant lui des conceptions plus
ou moins analogues, sont des isolés, dénués de toute autorité sur l'esprit
de leurs contemporains et que ne recommandent d'ailleurs ni la pro-
fondeur de leur philosophie, ni leur talent d'écrivain, ni l'étendue ou la
rigueur de leurs travaux scientifiques. C'est donc sur un terrain vierge
que Lamarck sème ses idées et il ne se fait aucune illusion sur le sort
qui leur est réservé :

« Les hommes, dit-il, qui s'efforcent par leurs travaux de reculer les
limites des connaissances humaines savent assez qu'il ne leur suffit pas de
découvrir et de montrer une vérité utile qu'on ignorait, et qu'il faut encore
pouvoir la répandre et la faire reconnaître; or la *raison individuelle* et la
raison publique, qui se trouvent dans le cas d'en éprouver quelque changement, y mettent, en général, un obstacle tel qu'il est souvent plus
difficile de faire reconnaître une vérité que de la découvrir. Je laisse ce
sujet sans développement parce que je sais que mes lecteurs y suppléeront
suffisamment, pour peu qu'ils aient d'expérience dans l'observation des
causes qui déterminent les actions des hommes! » Dans le monde scientifique que côtoyaient seulement ceux qu'on pourrait, comme Érasme
Darwin, appeler ses précurseurs, Lamarck apportait, en effet, une idée
tout à fait en dehors du courant auquel les savants de son temps s'aban-
donnaient sans réagir; pour la première fois, il appuyait cette idée sur

des arguments vraiment scientifiques et sur l'autorité que lui donnait sa connaissance approfondie des formes inférieures du règne animal. L'auteur de la *Philosophie zoologique* et de l'*Histoire naturelle des animaux sans vertèbres* ne songeait d'ailleurs nullement à s'entourer de précautions oratoires, propres à lui assurer la bienveillance de ses adversaires. Il les heurtait de front et personne n'a signalé plus énergiquement que lui l'opposition entre ses doctrines et celles qui avaient cours de son temps, lorsqu'il écrit[1] : «Le fait est que les divers animaux ont chacun, suivant leur genre et leur espèce, des habitudes particulières et toujours une organisation qui se trouve parfaitement en rapport avec ces habitudes.

«De la considération de ce fait, il semble qu'on soit libre d'admettre, soit l'une, soit l'autre des deux conclusions suivantes, et qu'aucune d'elles ne puisse être prouvée :

«*Conclusion admise jusqu'à ce jour :* La nature (ou son auteur), en créant les animaux, a prévu toutes les sortes possibles de circonstances dans lesquelles ils avaient à vivre et a donné à chaque espèce une organisation constante, ainsi qu'une forme déterminée et invariable dans ses parties qui force chaque espèce à vivre dans les lieux et les climats où on la trouve et à y conserver les habitudes qu'on lui connaît.

«*Ma conclusion particulière :* La nature, en produisant successivement toutes les espèces d'animaux, en commençant par les plus imparfaits et les plus simples, pour terminer son ouvrage par les plus parfaits, a compliqué graduellement leur organisation; et ces animaux se répandant généralement sur toutes les régions habitables du globe, chaque espèce a reçu de l'influence des circonstances dans lesquelles elle s'est rencontrée les habitudes que nous lui connaissons et les modifications dans ses parties que l'observation nous montre en elle.» Toute la *Philosophie zoologique* (1809), toute l'*Introduction à l'Histoire des animaux sans vertèbres* sont consacrées à réunir les arguments qui militent en faveur de cette *conclusion particulière*. Dans ces deux livres éclate de plus en plus une tendance d'esprit absolument opposée à celle de Cuvier, dont Lamarck, avec la plus

---

[1] *Philosophie zoologique*, t. I, p. 265 (édition originale).

haute loyauté, s'empresse cependant d'appliquer les découvertes anatomiques au perfectionnement de son système.

Cuvier croyait à la fixité des espèces. Lamarck, comme Geoffroy, affir-
mait leur variabilité.

Cuvier croyait à l'existence de quatre plans d'après lesquels tous les
animaux avaient été modelés; Lamarck met en relief le perfectionnement
graduel des formes animales et proclame qu'il existe entre elles une absolue continuité. Cuvier croyait à la disparition des formes fossiles par destruction; Lamarck croit à leur transformation, il déclare que les formes
actuelles ne sont que des modifications de celles qui ont vécu aux âges
antérieurs de la Terre.

Cuvier établit sa classification naturelle sur un principe métaphysique,
le *principe des causes finales*, duquel il déduit le *principe de la corrélation
des formes* et le *principe de la subordination des caractères*. Lamarck ne
connaît d'autre classification naturelle que celle qui représenterait l'arbre
généalogique du règne animal.

Et l'opposition entre les deux doctrines dépasse de beaucoup les limites
de la spéculation zoologique. Amené par une singulière prudence à dé-
crire les effets sans vouloir remonter au delà de leur cause la plus immédiate, Cuvier conclut du désordre apparent des masses rocheuses dans les
pays de montagne à d'effroyables et subits cataclysmes qui auraient jadis
amené ces désordres; la nature comme les hommes aurait eu des colères
subites, produisant, toute proportion gardée, les mêmes effets. Il n'y avait
à ces colères aucune cause connue, mais était-il plus nécessaire de leur en
trouver qu'aux différents types de structure du règne animal? Où Cuvier
ne voit que caprices et soubresauts, Lamarck, au contraire, voit un lent et
régulier enchaînement de causes et d'effets : « Pourquoi, écrit-il, supposer
sans preuve une *catastrophe universelle* lorsque la marche de la nature,
mieux connue, suffit pour rendre compte de tous les faits que nous obser-
vons dans toutes ses parties? Si l'on considère, d'une part, que dans tout ce
que la nature opère, elle ne fait rien brusquement, et que partout elle
agit avec lenteur et par degrés successifs, et, d'autre part, que les causes
particulières ou locales des désordres, des bouleversements, des déplace-

ments, peuvent rendre raison de ce que l'on observe à la surface du globe, on reconnaîtra qu'il n'est nullement nécessaire de supposer qu'une catastrophe universelle est venue tout culbuter et détruire une grande partie des opérations mêmes de la nature. » C'est là la doctrine des causes actuelles admise également par Geoffroy Saint-Hilaire[1], doctrine qui domine de nos jours toute la géologie, et dont le développement a fait la plus grande part de la gloire de Charles Lyell. Ainsi, par une singulière fortune, c'est ici le savant qui fait profession de demeurer exclusivement attaché aux faits que les faits induisent en erreur.

Cuvier, parce qu'il tient dans un mépris systématique la recherche des causes générales, se trompe sur les révolutions du globe, comme il s'est trompé sur l'importance et sur la nature des phénomènes embryogéniques, comme il s'est trompé sur la valeur du principe des causes finales et sur celle du principe de la corrélation des formes qui en découle, et c'est aux hommes dont il combat les idées aventureuses que revient l'honneur d'avoir, dans un élan de génie, touché la vérité. Cependant Lamarck, en tant que philosophe, est à peine connu de ses contemporains; ils lisent sa *Philosophie zoologique*, mais c'est pour écrire sur la couverture, comme on peut le voir sur l'exemplaire de la bibliothèque du Muséum, cette annotation anonyme : « Homme assez superficiel ». On ne le comprend pas[2]; on

---

[1] *Comptes rendus de l'Académie des sciences* (Séance du 27 août 1837).

[2] Dans ses *Fragments biographiques* (p. 81), Étienne Geoffroy Saint-Hilaire traduit ainsi l'impression que fit la philosophie de Lamarck sur ses contemporains : « Lamarck, pour arriver à la démonstration du principe vrai de la variabilité des formes chez les êtres organisés, produisit trop souvent des preuves surabondantes, exagérées et pour la plupart erronées, que ses adversaires, habiles à saisir le côté faiblissant de son talent, s'empressèrent de relever et de mettre en lumière. Attaqué de tous côtés, injurié même par d'odieuses plaisanteries, Lamarck, trop indigné pour répondre à de sanglantes épigrammes, en subit l'injure avec une douloureuse patience. Je me garderai d'insister sur ces souvenirs; j'aurais trop d'accusations à porter. Lamarck vécut longtemps pauvre, aveugle et délaissé, non de moi : je l'aimai et le vénérai toujours. Sa fille, nouvelle Antigone, vouée aux soins les plus généreux de la tendresse filiale, soutenait son courage et consolait sa misère par ces seuls mots : *La postérité vous honorera! vous vengera!* Ce jour serait-il enfin arrivé? Je n'en doute pas. »

Il serait possible que la postérité fût même moins sévère pour Lamarck que ne l'était Geoffroy en 1838; on en jugera par la suite de ce travail.

ne sent pas que ses idées que l'on dédaigne, parce qu'elles ne sont pas
dans le courant vulgaire, contiennent le germe d'une féconde révolution;
un demi-siècle plus tard, cette révolution, un autre l'accomplira; si bien,
que c'est un rayon de la gloire de Darwin qui vient brusquement mettre
en lumière le grand nom de Lamarck. Nous ne chercherons pas, dans ce
travail, à exposer en détail ce qui a été fait tant de fois, l'enchaînement
des conceptions du maître; nous nous proposons simplement de montrer
combien étaient prophétiques ses vues sur le règne animal, et à quel degré
il a fallu reconnaître leur justesse.

II

Lamarck, ce qui précède suffit à l'établir, ne fut jamais assez heureux
pour recueillir le fruit du labeur opiniâtre et fécond pour la science auquel il s'est livré. On sait quelle fut sa jeunesse. Né le 1er août 1744, à
Barentin, près de Bapaume (Pas-de-Calais), Antoine de Monet, cheva-
lier de Lamarck, après avoir passé quelque temps au séminaire des jé-
suites d'Amiens, entra dans l'armée en 1760, fut fait officier sur le champ
de bataille de Willinghausen, le 16 juillet 1761, par le maréchal de
Broglie, mais, à la suite d'un accident, dut bientôt quitter l'armée, ré-
duit pour vivre à une pension de 400 livres. C'est alors qu'il se livra à
l'étude de la botanique, s'attachant surtout à l'enseignement de Bernard
de Jussieu, mais cherchant à concilier les idées de son maître avec celles
de Linné et de Tournefort. Il ne tarda pas à se faire une réputation de
botaniste éminent par la publication de sa *Flore française*, publication
pour laquelle il imagina la disposition dichotomique, aujourd'hui univer-
sellement employée dans les ouvrages analogues, et dont les zoologistes ont
également fait assez souvent usage. Buffon prit, en quelque sorte, sous sa
protection la *Flore française;* Daubenton en avait écrit la préface; le livre
fut imprimé aux frais de l'État; l'édition entière fut remise à l'auteur et,
en 1779, Lamarck entrait à l'Académie des sciences dans la section de botanique, qui devait près de cent ans plus tard accueillir également Darwin.
En outre, Buffon faisait nommer Lamarck botaniste du Roi avec mission

de visiter les jardins et cabinets étrangers, et lui confiait, pour l'accompagner dans ses voyages, son fils qu'il préparait à lui succéder dans l'intendance du Jardin du Roi. On sait que le projet de Buffon n'aboutit pas; le grand naturaliste eut pour successeur un simple courtisan, La Billarderie, frère du surintendant des bâtiments de la couronne, comte d'Angiviller, qui n'osa prendre pour lui-même la survivance du grand Buffon. Cependant, en 1781, Lamarck avait été breveté correspondant du Jardin et du Cabinet d'histoire naturelle. *L'État des personnes attachées au Muséum national d'histoire naturelle à l'époque du 1er messidor an II de la République* porte qu'il «a fait passer à cet établissement des graines de plantes rares, des minéraux intéressants et des observations recueillies dans ses voyages en Hollande, en Allemagne et en France. Il n'a point reçu de traitement pour ce service[1]. »

Le même *État* porte que Lamarck est attaché à l'établissement depuis cinq ans, qu'il y touchait en 1792 un traitement de 1,800 livres. A la mort de Buffon, La Billarderie, son successeur, l'avait effectivement fait nommer botaniste du Cabinet ou *conservateur des herbiers*, aux appointements de 1,000 livres. Dans ces fonctions, l'auteur de la *Flore française* n'avait pas trouvé d'ailleurs un accueil bien empressé. Non seulement La Billarderie lui-même, pour sauver ses propres appointements, fut, en 1793, sur le point de le sacrifier, mais dans le *Devis de la dépense du Jardin national des Plantes et du Cabinet d'histoire naturelle pour l'année 1793*, présenté à la Convention par le citoyen Bernardin de Saint-Pierre, intendant du Jardin national des Plantes et de son Cabinet d'histoire naturelle, on lit la note suivante :

Lamarck, botaniste du Cabinet. — Appointements............ 1,800 livres.

Nota. — Quoique plein de zèle et de connaissance en botanique, il n'est point du tout occupé. Comme je ne l'avais pas encore vu, il y a deux mois je lui écrivis sur les devoirs de sa place; il vint me trouver aussitôt et me dit qu'il ne demandait pas mieux que de travailler aux herbiers du Cabinet qui avaient besoin de réparations et d'une

---

[1] Nous devons à notre collègue, M. le professeur Hamy, la communication de cet état et de diverses autres pièces qu'il a exhumées des Archives nationales, pour la rédaction de son Histoire de la fondation du Muséum.

nouvelle nomenclature, mais que jusqu'à présent on ne le lui avait pas permis. J'en parlai aux anciens; ils me dirent que la place de M. La Marck était inutile et que M. La Billarderie ne l'avait créée que pour l'obliger; que les herbiers du Cabinet dépendaient naturellement de MM. Desfontaines et Jussieu, le premier professeur et le second démonstrateur de botanique du Jardin, et que tous deux s'occupaient du soin de les arranger. Vous observerez, Monsieur, que les herbiers du Cabinet sont disposés pour la plupart suivant le système de Tournefort adopté en bonne partie par les professeurs du Jardin et que M. La Marck ne reconnaît que le système de Linnæus et le sien. Je savais déjà qu'il était plus difficile de classer des botanistes que des plantes; cependant, désireux de conserver à M. La Marck, père de six enfants, des appointements qui lui sont nécessaires et ne voulant pas laisser ses talents inutiles pour son emploi, après plusieurs pourparlers avec les anciens du Jardin, j'ai cru que M. Desfontaines étant chargé de faire des cours de botanique dans l'école et M. Jussieu aux environs de Paris, il serait utile d'envoyer M. La Marck herboriser dans quelques parties du royaume pour compléter la flore française, ce qui serait de son goût, en même temps fort utile aux progrès de la botanique; ainsi tout le monde serait employé et content.

C'était on ne peut plus ingénieux [1]. Les choses prirent cependant une autre tournure que ni le Jardin des Plantes, ni la science française n'eurent à regretter. En cette même année 1793, où Bernardin de Saint-Pierre établissait son « devis », le Jardin des Plantes fut transformé par la Convention en Muséum national d'histoire naturelle; les anciens et principaux officiers de la maison reçurent le titre de professeurs-administrateurs, et sur l'état des personnes attachées au Muséum national d'histoire naturelle à l'époque du 1er messidor an II de la République, Lamarck figure avec la mention suivante : LAMARCK. — 5o ans. — *Marié pour la deuxième fois, épouse enceinte; — six enfants; — professeur de zoologie des insectes, des vers et animaux microscopiques.* Ses appointements sont portés, comme ceux des autres professeurs, à 2,868 livres 6 sous 8 deniers.

C'est ainsi que la rivalité des botanistes et les nécessités de la vie con-

[1] L'appréciation de Bernardin de Saint-Pierre sur les idées de Lamarck relativement à la classification n'en est pas moins peu exacte. En 1793, Lamarck, on le verra plus loin, avait déjà publié plusieurs volumes du *Dictionnaire de botanique*, de l'*Encyclopédie méthodique*, et dans cet ouvrage il applique la méthode naturelle qu'Antoine-Laurent de Jussieu avait exposée dans son *Genera Plantarum*, paru en 1789.

duisirent Lamarck à se consacrer presque exclusivement à la zoologie dans laquelle il n'avait fait que quelques incursions[1]; nous verrons plus loin la place respective que les études antérieures et les nécessités de service avaient tenue dans les motifs de cette distribution des fonctions entre les officiers de l'établissement. L'autre professeur de zoologie, chargé des quadrupèdes, des oiseaux, des poissons, etc., fut Geoffroy Saint-Hilaire, alors âgé de vingt-trois ans, et qui ne s'était guère occupé que de «cristallographie». Portal et Mertrud enseignaient, l'un l'anatomie de l'homme, l'autre celle des animaux; pour conserver Daubenton, alors âgé de soixante-dix-huit ans, qui était précédemment garde du Cabinet aux appointements de 4,140 livres, on le chargea du cours de minéralogie, en ramenant ses appointements au taux de celui des autres professeurs.

Lamarck, devenu zoologiste, chargé même d'enseigner la partie la plus ardue de la zoologie, s'enthousiasme rapidement pour ses nouvelles fonctions. Les animaux inférieurs lui paraissent promettre à la science tout un avenir de découvertes, et il finit par dire : «Ce qu'il y a de plus singulier, c'est que les phénomènes les plus importants à considérer n'ont été offerts à nos méditations que depuis l'époque où l'on s'est attaché à l'étude des animaux les moins parfaits, et où les recherches sur les différentes complications de l'organisation de ces animaux sont devenues le principal fondement de leur étude. Il n'est pas moins singulier de reconnaître que ce fut presque toujours de l'examen des plus petits objets que nous présente la nature, et de celui des considérations qui nous paraissent les plus minutieuses, qu'on a obtenu les connaissances les plus

---

[1] Ét. Geoffroy Saint-Hilaire (*Fragments biographiques*, p. 214) expose ainsi comment Lamarck devint professeur de zoologie au Muséum : «La loi de 1793 avait prescrit que toutes les parties des sciences naturelles seraient également enseignées. Les insectes, les coquilles, et une infinité d'êtres, portion encore presque inconnue de la création, restaient à prendre. De la condescendance à l'égard de ses collègues, membres de l'administration, et, sans doute aussi, la conscience de sa force déterminèrent M. de Lamarck : ce lot si considérable et qui doit entraîner dans des recherches sans nombre, ce lot délaissé, il l'accepta; résolution courageuse qui nous a valu d'immenses travaux et de grands et importants ouvrages, entre lesquels la postérité distinguera et honorera, à jamais, l'œuvre qui, entièrement achevée et rassemblée en sept volumes, est connue sous le nom d'*Animaux sans vertèbres*.»

importantes pour arriver à la découverte de ses lois et pour déterminer sa marche. »

Cependant l'enthousiasme pour la science, l'ardeur au travail ne suffisaient pas, même en 1793, pour nourrir une famille de sept enfants avec 2,868 livres 6 sous et 8 deniers d'appointements. A diverses reprises, Lamarck s'adresse à la Convention pour obtenir quelques indemnités supplémentaires; si humbles que soient ses suppliques, on y retrouve toujours l'homme épris de la science et désireux d'être utile qu'il fut jusqu'à la fin de sa vie. Le 16 thermidor an 11 de la République, la Convention a décrété qu'une somme de 300,000 livres serait distribuée en indemnités aux savants, artistes et littérateurs, et « a chargé ses Comités de salut public et de sûreté générale de lui présenter la liste des citoyens mis en réquisition par le Comité de salut public qui sont véritablement dans le cas d'être utiles et qui, en même temps, peuvent donner des preuves de leur civisme ». Le 19 thermidor, Lamarck demande à être placé sur cette liste; il invoque principalement, comme titres à l'appui de sa requête : 1° sa *Flore française*, « ouvrage imprimé aux frais du Gouvernement et bien accueilli du public, et qui est maintenant très recherché et fort rare »; 2° un ouvrage général sur la botanique, comprenant deux traités distincts : l'un faisant partie de l'*Encyclopédie méthodique*, qui « donne la philosophie botanique, ainsi que la description complette des genres et de toutes les espèces connues »; le second intitulé : *Illustration des genres*. Six demi-volumes et 600 planches ont déjà paru, et le pétitionnaire ajoute: « depuis plus de dix ans, le citoyen Lamarck met en activité un grand nombre d'artistes de Paris; actuellement il entretient trois presses différentes pour divers ouvrages, tous relatifs à l'histoire naturelle ». Certes, le citoyen Lamarck a bien mérité « d'être mis en réquisition par la Convention nationale, comme il l'a été par le Comité de salut public », alors même qu'il ne pourrait pas prouver qu'il a « toujours été depuis la Révolution, comme il l'affirme, ami décidé de la liberté, de l'égalité et de la République ». Bientôt après, il peut, d'ailleurs, appuyer sa demande d'un titre de plus. Aux presses qu'il entretient il pourrait livrer un nouvel ouvrage.

Le 3o fructidor an II de la République française, une et indivisible, il adresse ce livre à la Convention avec le message suivant :

HOMMAGE À LA CONVENTION NATIONALE.

Tout bon citoyen doit fournir à sa patrie son contingent pour le bonheur commun, chacun selon ses facultés ou sa portion d'intelligence.

En conséquence, le citoyen Lamarck, professeur de zoologie au Muséum national d'histoire naturelle, fait hommage à la Convention nationale d'un ouvrage de physique important par son objet, fruit de longues méditations et de beaucoup de recherches, et dans lequel il représente des vues nouvelles sur les causes des principaux phénomènes de la nature, de ceux particulièrement qui s'observent tous les jours dans les travaux ordinaires de la vie, et surtout de ceux qui offrent les faits organiques qu'il nous importe tant de bien connaître. Ces vues peuvent donner lieu aux découvertes les plus précieuses pour les arts, et doivent répandre un nouveau jour dans plusieurs parties de l'art de guérir.

Le livre, publié seulement en 1801, avait pour titre : *Recherches sur les principaux faits physiques*[1]. Il fut accueilli à la Convention par une mention honorable, renvoyé pour en faire rapport au Comité de l'instruction publique, et valut à Lamarck l'inscription qu'il désirait « sur la liste des gens de lettres destinés à recevoir des indemnités ». Lamarck connaissait évidemment les administrations; il accueille ce vote avec reconnaissance, mais adresse aussitôt au Comité de l'instruction publique un mémoire pour obtenir le règlement de son indemnité. Ce mémoire, tout à son honneur, nous le montre beaucoup moins préoccupé des soins de sa vie matérielle que d'assurer la publication du grand ouvrage de botanique qu'il a entrepris, qui doit mettre, à ce point de vue, la France au niveau des autres nations et faire connaître les richesses accumulées dans le Muséum par les voyageurs français.

[1] Lamarck avait une prédilection marquée pour la physique et la météorologie. Outre l'ouvrage que nous venons de citer, on remarque, parmi ses écrits, les suivants : *De l'influence de la lune sur l'atmosphère terrestre*, an VII. — *Sur la matière du feu, considérée comme instrument chimique dans les analyses*, an VII. — *Mémoire sur la matière du son*, an VII. — *Sur le mode de rédiger les observations météorologiques.* — *Sur la distinction des tempêtes d'avec les orages et les ouragans*, an IX. — *Recherches sur la périodicité présumée des principales variations de l'atmosphère*, an IX. — *Sur les variations de l'état du ciel et sur les causes qui y donnent lieu.* — *Annuaire météorologique, précédé de probabilités sur le temps de l'année;* onze éditions de 1800 à 1812. — *Hydrogéologie*, 1801.

3.

Cependant les mois s'écoulent et l'illustre savant demeure dans la plus profonde misère. La Convention ayant de nouveau chargé, le 14 nivôse an III, le Comité de l'instruction publique et le Comité des finances de lui présenter un rapport sur les pensions qu'il convient d'*accorder aux gens de lettres et aux artistes dont les talents sont utiles à la République*, Lamarck demande encore à être compris dans la répartition, et, cette fois, il est obligé de faire ce touchant et triste aveu : « Depuis mon retour en France, je me suis livré à l'exécution de mes grandes entreprises sur la botanique... mais ces travaux importants, que j'ai commencés et même fort avancés, sont malgré moi suspendus et comme abandonnés depuis près de deux ans. La perte de ma pension de la ci-devant Académie des sciences et l'énorme augmentation du prix des subsistances m'ont mis avec une nombreuse famille dans un état de détresse qui ne me laisse ni le temps, ni la liberté nécessaires pour cultiver fructueusement les sciences [1]. » A ce moment même, le malheureux professeur n'en méditait pas moins un ouvrage autrement vaste et dont la conception aurait pu, à elle seule, lui mériter ce titre de *Linné français* [2] qui lui a été maintes fois donné depuis.

Depuis longtemps, écrit-il le 4 vendémiaire an III au Comité d'instruction publique, j'ai en vue un ouvrage bien important, plus puissant peut-être pour l'instruction en France que ceux que j'ai déjà composés ou entrepris, un travail enfin que la Convention devrait ordonner, et que nulle part on ne pourrait composer avec autant d'avantages qu'à Paris où les moyens de l'exécuter sont, en quelque sorte, accumulés dans tous les genres. C'est un *Système de la Nature*, ouvrage analogue au *Systema Naturæ* de Linnéus, mais traité en français, et présentant le tableau complet, concis et méthodique de toutes les productions naturelles observées jusqu'à ce jour... Si le Comité d'instruction avait le temps de donner quelque attention à l'importance de mon projet, à l'utilité de son exécution, et peut-être au devoir qu'en prescrit l'honneur national, j'oserais lui dire qu'après y avoir longtemps pensé, en avoir médité et déterminé le plan le plus convenable, enfin après en avoir amassé et préparé les matériaux les plus essentiels, j'offre de mettre ce beau projet à exécution. Je ne me dissimule pas les difficultés de cette grande entreprise, je les connais, je crois, aussi bien et peut-être mieux que per-

[1] Lettre aux représentants du peuple formant le Comité d'instruction publique (17 nivôse an III de la République française, une et indivisible), communiquée par M. Hamy.

[2] Étienne Geoffroy Saint-Hilaire. — Discours lu aux obsèques de Lamarck le 20 décembre 1829 (*Fragments biographiques*, p. 216).

sonne, mais je sais que je puis les vaincre sans me borner à une simple et déshonorante
compilation de ce que les étrangers ont écrit sur ce sujet. Il me reste quelques forces
à sacrifier pour l'avantage commun; j'ai quelque expérience et de l'habitude dans les
travaux de ce genre; ma collection de végétaux en herbier est une des plus riches qui
existent; ma nombreuse collection de testacés est à peu près la seule en France dont
les objets soient déterminés et dénommés selon la méthode des naturalistes modernes;
enfin je suis à portée de profiter de tous les secours qu'on trouve à cet égard au Muséum national d'histoire naturelle; avec ces moyens réunis, je puis donc espérer d'exécuter convenablement cet intéressant ouvrage.

J'avais d'abord pensé que l'ouvrage dont il s'agit devait être exécuté par une société
de naturalistes; mais après y avoir beaucoup réfléchi, et ayant déjà l'exemple de la
nouvelle Encyclopédie, je me suis convaincu qu'alors l'ouvrage entier serait difforme,
sans unité de plan, sans accord de principes et que sa composition serait peut-être
interminable.

Composé avec la plus grande concision possible, cet ouvrage ne peut comprendre
moins de 8 volumes... Si la Nation veut me donner 30,000 livres une fois payées,
je me charge de tout et je réponds, si je ne meurs pas, qu'avant sept ans le *Système de
la Nature* en français avec les additions complémentaires, les corrections et les éclair-
cissements convenables, sera à la disposition de tous ceux qui aiment ou étudient l'histoire naturelle.

A Paris, ce 4 vendémiaire an III de la République française, une et indivisible.

LAMARCK,
professeur de zoologie au Muséum national d'histoire naturelle.

Pauvre grand homme! Le voilà donc, oublieux de son lamentable dé-
nuement, ne songeant qu'à servir aux progrès des sciences, à grandir la
gloire de son pays. Lui aussi pourrait, comme Geoffroy, mettre en titre de
ses livres cette philanthropique devise : *Utilitati!* Le plan de son livre,
Lamarck l'a médité en dehors de toute idée de lucre; il s'y est préparé de
longue main par des travaux incessants; et il révèle ici, pour la première
fois, qu'il n'est pas seulement le botaniste que tout le monde connaît. Si
ses publications antérieures ont eu surtout les plantes pour objet, il possède aussi une *nombreuse collection de testacés* où les objets sont déterminés
et dénommés selon la méthode des naturalistes modernes. Au moment
de sa nomination à la chaire de zoologie des insectes, des vers et des animaux microscopiques, Lamarck était donc déjà un conchyliologiste de
quelque érudition. Comment l'était-il devenu? L'histoire est touchante;

Étienne Geoffroy Saint-Hilaire nous l'a conservée[1]; elle mérite d'être rappelée : au moment de l'organisation fondamentale du Muséum d'histoire naturelle, en juin 1793, il ne fut point possible, raconte Geoffroy, d'assigner à Lamarck un professorat de botanique. « M. de Lamarck, alors âgé de quarante-neuf ans, accepte de changer de science pour se charger de ce qui est par tous délaissé (les animaux sans vertèbres); car c'est effectivement un pesant fardeau que cette branche d'histoire naturelle où, sous beaucoup de rapports, tout était à créer. Sur un point, il est un peu préparé, mais c'est par accident; un dévouement à l'amitié l'avait causé, car c'était afin de complaire à son ami Brugnière[2], afin de pénétrer plus avant dans les affections de ce naturaliste tout à fait exclusif, et afin de lui parler le seul langage qu'il voulût écouter, lequel était restreint à des conversations sur les coquilles, que M. de Lamarck avait fait quelques études de conchyliologie. Oh! combien, en 1793, il regrette que son ami fût parti pour la Perse; il l'eût voulu, il l'eût désigné pour le professorat qu'on se propose de créer. Il le remplacera tout au moins; c'est demandé aux mouvements de son âme; et cet élan du cœur, cet acte de fraternité, devient premier élément d'un des plus grands talents zoologiques de notre époque. »

Ainsi Lamarck avait par pure amitié formé la collection qui le fixa comme professeur au Muséum. Cette collection ne tarda pas d'ailleurs à être englobée dans nos collections nationales. Elle fut acquise par le Gouvernement pour le prix de 5,000 livres, et cette somme fut employée par Lamarck à solder le prix d'une propriété nationale qu'il avait soumissionnée, dans le département de Seine-et-Oise, en vertu de la loi du 28 ventôse de l'an IV[3]. Plus tard, Lamarck reforma une autre collection de coquilles dénommées d'après son système, contenant une partie des types décrits dans son *Histoire naturelle des animaux sans vertèbres* et dans ses nombreuses publications. Cette collection, dont il eût été si utile d'as-

---

[1] Étienne Geoffroy Saint-Hilaire. — Discours lu aux obsèques de Lamarck le 20 décembre 1829 (*Fragments biographiques*, p. 216).

[2] L'auteur de l'*Histoire des Vers* dans l'*Encyclopédie méthodique*.

[3] Lettre du Ministre des finances (de Ramel) au Ministre de l'intérieur (13 pr. an v).

surer la possession au Muséum national d'histoire naturelle, est aujourd'hui la propriété du Musée de Genève.

Le Muséum n'en possède pas moins, dans ses propres collections, un grand nombre de types décrits ou déterminés par Lamarck. Ces types, comme ceux de tous les auteurs qui ont publié des travaux d'après ces collections, ont été soigneusement recherchés et mis en relief lors de leur installation dans les nouvelles galeries de Zoologie.

Le *Système de la Nature* projeté par Lamarck n'a jamais été entrepris. Aussi bien Cuvier venait d'entrer en lice (1794); ses premiers mémoires faisaient prévoir que la zoologie allait être bouleversée. Lamarck semble s'être depuis lors exclusivement consacré à ses études de météorologie, à la publication de sa *Philosophie zoologique* (1809) et à celle de son impérissable *Histoire naturelle des animaux sans vertèbres*, dont le premier volume parut en 1815. Il refusa même, en 1809, la chaire de zoologie de la Faculté des sciences de Paris où Étienne Geoffroy Saint-Hilaire le pressait de monter. « Il pensa, dit Isidore Geoffroy Saint-Hilaire[1], que, pour l'occuper dignement, de nouvelles études lui seraient nécessaires, et il jugea qu'à soixante-cinq ans il était trop tard pour les entreprendre. Il crut donc de son devoir de ne pas l'accepter. Ce fut son premier et son dernier mot : sa conscience, trop sévère à lui-même, l'avait dicté, et quand ce juge suprême avait prononcé, qui eût pu ébranler le stoïque et désintéressé Lamarck ? »

Aussi bien ces deux ouvrages sont-ils ceux qui ont donné la mesure de son génie, ceux qui dominent aujourd'hui notre conception de la nature vivante, ceux dont nous devons maintenant essayer de montrer la portée.

III

Doctrine de Lamarck; elle n'est pas la rivale, mais la base indispensable de celle de Darwin. — La doctrine de Lamarck, réduite à ce qu'elle a d'essentiel, tient en quelques propositions :

1° Les êtres vivants ont apparu sur la Terre en vertu des forces aux-

[1] Is. Geoffroy Saint-Hilaire, *Vie, travaux et doctrine d'Étienne Geoffroy Saint-Hilaire*, p. 191.

quelles l'Univers a été soumis par le Créateur, auteur de toutes choses. L'ensemble de ces forces et des lois suivant lesquelles elles agissent est ce qu'on nomme la *Nature ;*

2° Il continue à se former des êtres vivants par ce procédé initial ; cette apparition d'êtres par voie d'organisation directe de la matière, sans l'intervention de parents antérieurs, est dite *génération spontanée ;*

3° Les humeurs produites par les organismes se prêtent plus facilement à la génération spontanée que la matière minérale, et les organismes qui se forment à leurs dépens sont plus élevés que ceux qui naissent directement de la matière minérale. Ces derniers sont les Infusoires, les premiers les Vers et les Insectes parasites ;

4° Les molécules de la matière inerte sont maintenues par la *cohésion ;* la matière inerte est transformée en matière vivante par l'intervention de deux fluides subtils, la *chaleur* et l'*électricité ;*

5° La chaleur est antagoniste de la cohésion ; la lutte qui s'établit entre elles détermine dans les substances vivantes un état particulier de tension, l'*orgasme,* susceptible de varier, et donne ainsi naissance à cette propriété des substances vivantes qu'on nomme l'*irritabilité ;*

6° Les variations de l'orgasme sont dues à l'électricité qui peut être dirigée vers tel ou tel point de la substance vivante par les actions extérieures ou par la volonté ; l'électricité agit en détruisant l'équilibre entre la cohésion et la chaleur ; dès lors, l'orgasme cesse, les tissus se contractent pour reprendre leur volume primitif dès que l'électricité n'agit plus ;

7° L'afflux habituel de fluides subtils vers telle ou telle région du corps détermine dans cette région des modifications de structure ou de croissance, d'où résulte l'apparition d'organes nouveaux ;

8° Les organes, une fois constitués, s'accroissent ou se modifient par l'usage qu'en fait l'animal ; ils s'atrophient et disparaissent lorsqu'ils sont inutilisés ;

9° Les circonstances extérieures influent sur les animaux en provoquant chez eux des *sensations* d'où résultent des *besoins.* Pour donner satisfaction à ces besoins, la *volonté* dirige les fluides subtils vers les régions du corps dont la mise en activité est susceptible de procurer cette satisfaction ;

10° Si les mêmes sensations se répètent souvent, elles déterminent les mêmes besoins, ceux-ci les mêmes mouvements; ces mouvements répétés deviennent des *habitudes* et, par ces habitudes, les organes, fréquemment mis en activité, s'accroissent; les autres s'atrophient, d'où résultent des modifications individuelles des animaux. Les modifications individuelles sont donc provoquées par les besoins des animaux et constamment en rapport avec ces besoins;

11° Les modifications individuelles des animaux, quelle que soit leur origine, se transmettent par voie d'*hérédité* à leur descendance *si elles sont communes aux deux individus de sexe différent qui s'unissent pour produire une génération nouvelle.* Ainsi naissent les *espèces* qui se perpétuent avec leur forme durant un temps plus ou moins long; mais ces espèces sont variables, et leurs variations, nées sous l'influence de leurs besoins, les maintiennent constamment en harmonie avec le milieu dans lequel elles vivent; d'où cette étroite adaptation dans laquelle on a vu à tort un argument en faveur de la doctrine des *causes finales*;

12° Les organes en voie de formation sous l'empire des besoins ne sont pas immédiatement utilisables; les organes qui cessent d'être utilisés ne disparaissent pas immédiatement; certains animaux peuvent donc présenter des organes sans fonction, dont la présence exclut la doctrine des causes finales: ce sont les *organes rudimentaires*;

13° Par les modifications successives qu'elles présentent, les espèces actuellement existantes et les formes produites par génération spontanée donnent incessamment naissance à de nouvelles espèces. *Les espèces actuelles résultent de la transformation graduelle des espèces antérieures*, et peuvent ainsi ne présenter qu'une ressemblance éloignée avec les espèces ancestrales dont la fossilisation nous a conservé les débris;

14° Les espèces anciennes n'ont disparu que d'une façon exceptionnelle; elles se sont transformées; celles qui n'existent plus ont été détruites par l'Homme;

15° L'ordre dans la nature est maintenu par une certaine direction générale que le Créateur a imposée à l'évolution des formes vivantes, et aussi par la destruction que les individus appartenant aux grandes espèces font des individus appartenant aux petites espèces d'une fécondité dangereuse ;

16° La classification naturelle n'est autre chose que l'ordre même dans lequel les formes vivantes sont issues les unes des autres à partir des formes originelles. Ces formes sont :

a. Les Infusoires, nés de la matière minérale, d'où sont issus les Polypes et les Radiaires ;

b. Les Vers parasites, nés des humeurs et qui ont produit tout le reste du règne animal ;

17° D'après le degré d'activité qu'ils mettent à réagir contre les actions extérieures, les animaux peuvent être répartis en trois catégories ascendantes : celles des *apathiques,* des *animaux sensibles* et des *animaux intelligents ;*

18° L'homme, à ne considérer que son corps, pourrait être dérivé de ces singes supérieurs, auxquels leurs caractères ont fait donner le nom de *singes anthropomorphes ;* mais sa *raison* l'élève bien au-dessus des animaux intelligents, lui fait une place à part et démontre que son origine est différente de celle des animaux.

Ces dix-huit propositions, qui s'enchaînent avec une logique rigoureuse, présentent une théorie complète et profonde de la formation du règne animal. Rien de semblable n'avait jamais été tenté ; personne, soit par respect des textes hébraïques, soit par un sentiment exagéré de l'impuissance de l'homme, n'avait osé demander à la seule science l'explication de la vie, l'explication de la naissance des êtres vivants, celle de leurs transformations affirmées, pour la première fois, avec cette énergie par un homme vraiment familier avec toutes les productions naturelles; on peut dire qu'au temps où vivait Lamarck, avec les faits dont il disposait, il était difficile d'aller au delà du terme qu'il avait atteint du premier coup. Sa théorie avait d'ailleurs une portée bien plus grande que celles qui ont été proposées depuis et notamment que la fameuse théorie de Darwin. Lamarck, en effet, ne laisse derrière lui aucun *postulatum,* il essaye d'abord d'expliquer l'origine des êtres vivants que d'autres supposeront tout créés avec des formes seulement différentes de celles qui florissent aujourd'hui ;

il recherche ensuite comment les formes simples spontanément engendrées se sont graduellement compliquées, perfectionnées, adaptées aux circonstances dans lesquelles elles vivent, de manière à constituer ces formes qui se transmettent longtemps, sans altération sensible, par la génération et qu'on nomme les *espèces*. Ces espèces, pour lui, ne sont que des abstractions; l'hérédité suffit pour expliquer leur permanence, et Lamarck, cherchant surtout à relier les espèces actuelles aux espèces fossiles, n'a pas trop à se préoccuper des hiatus qui existent actuellement entre elles.

Mais depuis 1809, date de la doctrine de Lamarck, jusqu'en 1859, époque de la publication du livre de Darwin sur l'origine des espèces, les choses ont bien changé. L'espèce, sur laquelle on n'avait pas encore beaucoup philosophé en 1809, est devenue une sorte d'entité sur laquelle chacun a voulu dire son mot. Les partisans de la fixité des espèces, les prenant comme des unités éternelles, obligés d'ailleurs de tenir compte de ses variations, de ses alliances et de ses mésalliances, ont embrouillé comme à plaisir l'écheveau des définitions et des expériences, et imaginé toutes sortes de conceptions d'ordre secondaire : il s'agit, pour ces savants, de prouver à tout prix que les espèces sont inaltérables et incapables de tout mélange entre elles; qu'il n'existe entre elles aucun passage; qu'elles sont séparées par des hiatus profonds, infranchissables, et c'est de cet état de choses et de lui seul que Darwin entreprend de rendre compte. L'origine des formes vivantes, Darwin ne s'en préoccupe pas; que le monde vivant ait commencé par un grumeau de gelée, ou que les principaux types du règne végétal et du règne animal aient apparu simultanément, peu lui importe; il s'accommoderait aussi bien des quatre embranchements de Cuvier que de l'unité du plan de composition de Geoffroy; il suppose, en effet, un monde tout créé, celui de la période tertiaire, par exemple, et se demande simplement comment de ce monde a pu procéder le monde actuel. Quelques-uns des faits qu'il s'agit pour lui d'expliquer sont d'ailleurs exactement le contre-pied de certaines conceptions de Lamarck : la disparition des formes spécifiques, la *mort des espèces*, par exemple, n'est pour Lamarck qu'un fait exceptionnel; c'est pour Darwin un fait fondamental qui se répète incessamment.

La séparation actuelle des espèces, l'impossibilité de passer de l'une à l'autre, est aussi un trait essentiel de la faune et de la flore actuelles, et c'est sur deux points que roule avant tout l'œuvre de Darwin : variation des formes vivantes sous l'action de forces internes ou externes; hérédité de certaines catégories de variations; lutte pour l'existence ou pour la possibilité de se reproduire; défaite dans cette lutte et suppression des variations défavorables; sélection naturelle, par cette voie, des formes les plus en rapport avec les conditions actuelles de la vie, voilà l'essence de l'œuvre de Darwin; la doctrine nouvelle s'attaque à d'autres problèmes que celle de Lamarck; elle pourrait lui faire suite si celle-ci avait atteint le but qu'elle se proposait, mais elle ne saurait la remplacer. Il n'y a donc pas, comme on le fait quelquefois, à opposer le darwinisme au lamarckisme; ce sont tout au plus deux doctrines qui se juxtaposent sans qu'il existe nécessairement entre elles une opposition ou même une superposition. Lamarck pressent d'ailleurs en quelque sorte Darwin lorsqu'il admet, à la façon de Buffon, la possibilité de la destruction de certaines grandes espèces par l'Homme, et qu'il charge les grandes espèces de limiter la tendance à pulluler des petites; ce sont là, en somme, des scènes particulières de ce grand drame de la *lutte pour la vie* dont Lucrèce avait eu jadis la vision.

Embrasser la doctrine de Darwin n'implique donc pas qu'on repousse celle de Lamarck; le problème dont Lamarck poursuivait la solution, Darwin l'a à peine abordé; et la doctrine du penseur anglais ne sera complète cependant que le jour où ce problème aura été résolu; le « lamarckisme » tient dans l'explication du monde vivant une place qui doit être occupée; c'est dans l'édifice une partie indispensable qu'il faut de toute nécessité réparer ou remplacer.

L'hypothèse des générations spontanées est l'essence même de la doctrine de la fixité des espèces; elle n'est nullement nécessaire au transformisme. — Reprenons donc une à une toutes les propositions de Lamarck et voyons ce qu'on en peut garder. En ce qui concerne l'origine des premiers êtres vivants, nous ne sommes pas plus avancés que lui; mais, à quelque école que l'on appartienne, il est difficile de contester que les *faits* autorisent absolument

l'initiative hardie prise par Lamarck de demander aux forces naturelles
l'explication de leur origine; l'intervention dans le monde d'autres forces
que celles dites *naturelles* n'a jamais été constatée scientifiquement. On
cesse d'être d'accord avec les faits quand on admet une autre intervention, et il serait assez piquant de forcer les partisans exclusifs des « faits »,
qui se sont élevés contre la première affirmation de Lamarck, à dire au
nom de quels principes scientifiques ils ont protesté contre elle. Tout ce
que nous pouvons concéder, c'est que nous ignorons comment les forces
naturelles ont pu, au commencement du monde, produire les premiers
êtres vivants.

En revanche, s'impose le sacrifice de la deuxième et de la troisième
proposition de Lamarck. La question des générations spontanées était entière en 1809. Il a fallu les grandes et belles études de M. Pasteur et de
ses émules pour démontrer qu'on devait décidément refuser à la matière
inerte, qu'elle soit ou non d'origine organique, la faculté de s'organiser sous
l'action des forces physico-chimiques, *dans les conditions où nous l'avons
placée jusqu'ici.* Cette démonstration n'est faite que dans les limites des expériences réalisées jusqu'à ce jour; elle laisse ouverte la possibilité d'expériences dans des directions nouvelles, insoupçonnées, qui permettraient
d'animer les substances albuminoïdes, ou tout au moins de concevoir
comment elles se sont animées au début du monde; mais à ceux qui con-
serveraient à cet égard de trop grandes espérances, il convient de rap-
peler que, contrairement à ce qui a lieu d'habitude, les progrès de la
science, loin d'éclairer la question, l'ont fortement obscurcie. On a pu
croire un moment avec Huxley et Hæckel que la substance vivante, le *protoplasma,* « base physique de la vie », n'était qu'un composé albuminoïde
et qu'on serait bien près de savoir faire un être vivant le jour où l'on aurait
réalisé la synthèse du blanc d'œuf. Le microscope a montré depuis que la
vie ne s'accommode pas d'une pareille simplicité. L'évolution de la moindre
cellule vivante suppose la mise en activité d'un grand nombre de substances, savamment dosées, juxtaposées sans être mélangées ni combi-
nées, jouant chacune son rôle, toutes également vivantes, mais vivant de
façons différentes, substances qu'on a pu caractériser et pour lesquelles

une légion de noms ont été inventés : *hyaloplasma*, *paraplasma*, *chroma-tine*, *prochromatine*, *parachromatine*, *linine*, etc. Pour faire un être vivant, il faudrait non seulement avoir constitué ces substances de toutes pièces, mais encore il faudrait les avoir associées d'une certaine façon et dans de certaines proportions. Nous ne savons même pas d'ailleurs si nous avons le droit de les comparer à des composés chimiques; tant qu'elles vivent, leur constitution se modifie incessamment et spontanément; or les chimistes n'étudient, au contraire, que des combinaisons dont les forces extérieures peuvent seules altérer la stabilité, des combinaisons dans lesquelles les éléments n'entrent que dans des proportions définies. D'autre part, on a suivi méticuleusement, dans un grand nombre d'êtres vivants, la filiation des éléments anatomiques, et jamais, en aucun cas, on n'a vu un seul élé-ment anatomique apparaître spontanément dans une humeur : tout élé-ment anatomique nouveau est un fragment d'un élément préexistant et emprunte ses diverses parties aux parties correspondantes de l'élément d'où il dérive. Nous sommes donc obligés d'admettre jusqu'ici que la vie seule est susceptible de produire la vie; *il n'y a pas de génération spontanée;* mais on a le droit de s'étonner profondément que cette proposition ait été, au nom des faits, opposée au transformisme dont elle est le plus solide appui; on a le droit de s'étonner que des esprits clairvoyants aient pu lier le transformisme au sort des générations spontanées, qui, loin de tenir à son essence, sont justement, nous le verrons tout à l'heure, la base néces-saire, inéluctable, de la doctrine contraire. Admettre qu'il n'y a pas actuel-lement de générations spontanées; admettre qu'au début les organismes se sont présentés sous des formes simples, d'origine inconnue, analogues aux Rhizopodes de la nature actuelle, cela n'implique aucune contradic-tion, et nous demeurons absolument d'accord avec la méthode scientifique, avec tous les faits observés, en supposant que si les formes compliquées actuellement vivantes sont explicables, elles ne le sont qu'en prenant pour point de départ les propriétés bien étudiées des formes simples de la nature actuelle, et en considérant ces formes simples comme primitives. C'est d'ailleurs un fait incontestable que les éléments anatomiques qui consti-tuent les corps vivants sont exactement analogues à ces formes simples, bien que celles-ci soient indépendantes et libres. Cela revient à dire que *tout être vivant quelque peu compliqué n'est qu'une accumulation d'éléments dont chacun est exactement comparable, pour sa constitution, ses propriétés physiologiques et souvent même les détails de sa forme, aux êtres vivants les plus simples que nous connaissions.* Ces êtres vivants les plus simples forment la grande division des Protozoaires. Nous pouvons donc dire brièvement aujourd'hui ce que Lamarck ne pouvait deviner : *Tout être vivant d'organisation tant soit peu compliquée n'est qu'une association de Protozoaires.*

Mode de complication des êtres unicellulaires (Protozoaires et Protophytes); leur variabilité sous les actions de milieu. — Les propositions que nous avons inscrites sous les n°s 4, 5, 6 et 7 expliquent comment Lamarck comprend l'apparition de la complication organique; ce sont celles qui ont suscité la plus vive opposition, celles qui ont valu le plus de sarcasmes à leur auteur. On ne saurait certainement les accepter telles quelles; mais sont-elles si éloignées qu'elles le paraissent des conceptions qui semblent actuellement les plus légitimes? C'est un point qui mérite examen.

Le problème, pour nous, se décompose en deux autres : la complication peut en effet porter : 1° sur la structure des éléments anatomiques; 2° sur le nombre, le degré de variété, les modes divers d'association des éléments qui constituent un corps vivant. Chacune de ces questions doit recevoir une réponse différente. Il est incontestable aujourd'hui, nous l'avons déjà vu, que les Protozoaires, qui sont des éléments anatomiques libres, et les éléments anatomiques, qui sont des Protozoaires vivant en communautés plus ou moins nombreuses, ne sont nullement les grumeaux homogènes qu'on les croyait autrefois. Les substances variées qui entrent dans leur constitution ont chacune leur façon particulière et déterminée de se comporter aux phases successives de la vie cellulaire et l'action spécifique qu'exercent sur elles diverses matières colorantes n'est qu'une manifestation des différences physiologiques qui les séparent; un infusoire cilié présente une foule de parties très dissemblables qui le font paraître, au premier abord, presque aussi compliqué qu'un animal supérieur. Comment cette complication dans la simplicité a-t-elle été obtenue? Quels

liens peuvent exister, au point de vue de leur genèse, entre les diverses
substances constituant un même Protozoaire? Quelles modifications les
actions extérieures peuvent-elles leur faire subir? Ici notre ignorance est
profonde. On sait cependant que les Protozoaires et les éléments anatomiques sont irritables par l'action de la pesanteur, de la chaleur, de la
lumière, de l'électricité, de divers composés chimiques, à commencer par
l'eau, et l'on sait aussi qu'ils sont susceptibles de revêtir des formes diverses suivant les circonstances (*Mucor circinelloides* et autres Thallo-
phytes[1]). On sait encore que chez des Protozoaires ou des Protophytes
voisins, les modifications de la forme peuvent être liées à des circonstances accidentelles ou bien se reproduire dans un ordre déterminé,
indépendamment de tout stimulant actuel, lorsque les circonstances auxquelles sont habituellement liées ces modifications de forme sont elles-
mêmes périodiques (polymorphisme et migration des Urédinées, par
exemple). On sait enfin que les modifications acquises peuvent être transmises pendant un nombre indéterminé de générations (levure de bière
haute et basse, bactéries à virulence atténuée, etc.), sauf à disparaître
brusquement lorsque, sous l'empire de conditions déterminées, les individus modifiés arrivent à se reproduire non plus par simple division, mais
à l'aide de spores nées à leur intérieur, comme l'a vu M. Pasteur pour la
bactérie charbonneuse. Ces faits sont importants, parce qu'ils vont nous
montrer à l'aide de quel mécanisme se compliquent et se diversifient les
organismes constitués par une association d'éléments.

Mode de complication des organismes pluricellulaires. — *Loi de limitation
de la taille des éléments anatomiques; loi d'association.* — Les végétaux et les
animaux, si compliqués qu'ils doivent devenir au cours de leur vie, sont
toujours représentés au début par un élément unique, l'*œuf*. Les Protozoaires et les Protophytes n'ont qu'un seul mode de multiplication, la *division*. Leur division semble d'ailleurs être commandée par ce fait que le
mode d'association direct des substances vivantes n'est compatible qu'avec

---

[1] E. Vasserzug, *Variations de forme chez les Bactéries* (*Annales de l'Institut Pasteur*, 1888).

des dimensions très limitées des organismes où on l'observe. L'œuf présente, lui aussi, cette faculté de division; seulement *les produits de sa division demeurent associés*, au moins en partie, au lieu de s'isoler les uns des autres pour mener une vie indépendante, comme ils le font chez les Protozoaires et la plupart des Protophytes. C'est là la seule différence initiale que l'on puisse relever entre les produits de la division de l'œuf et ceux de la division des éléments libres; mais le genre de vie différent que mènent les éléments dans les deux cas entraîne aussitôt d'autres différences. Les éléments à existence sociale occupent, dans leur association, des positions différentes, subissent par conséquent des excitations différentes de la part des agents extérieurs; ils réagissent même différemment les uns sur les autres suivant les positions respectives qu'ils occupent; ils prennent donc des formes différentes, acquièrent une façon spéciale de vivre, deviennent plus ou moins solidaires et forment ainsi, *par leur association,* un organisme indivisible, un *individu* dans lequel il semble, suivant la remarque de H.-Milne Edwards, qu'il s'établisse entre les éléments composants une *division du travail physiologique.* Dans cet individu, les éléments anatomiques similaires ou les groupes similaires d'éléments anatomiques demeurent souvent rapprochés et constituent ainsi des unités secondaires que l'on peut considérer indépendamment les unes des autres, et qui sont ce que l'on appelle les *tissus,* les *organes,* les *systèmes* et les *appareils* de l'individu considéré. Les modifications des éléments anatomiques pouvant d'ailleurs s'accomplir, comme nous l'avons vu, dans un ordre déterminé, en l'absence de tout stimulant actuel apparent lorsqu'elles sont liées à des circonstances qui se reproduisent périodiquement, on comprend que les tissus et les organes apparaissent toujours dans un ordre constant, au cours du développement d'un individu. Le mécanisme de la formation de ces tissus et de ces organes a été suivi pas à pas dans un grand nombre de cas, à partir des cellules, toutes semblables entre elles, qui constituent primitivement la plupart des embryons et dont ils ne sont que des transformations ou, comme on dit encore, des *différenciations* en sens divers; on peut citer comme exemple le mécanisme de la formation, connu dans tous les détails abordables pour nos moyens d'investigation, des éléments musculaires, du tissu musculaire et des muscles, des éléments nerveux, des nerfs, des ganglions nerveux et des organes sensoriels chez les Éponges et les Polypes. La théorie complexe et hypothétique de Lamarck peut donc être aujourd'hui remplacée par une théorie positive. Mais cette théorie positive ne fait que mettre des faits observés à la place exacte où Lamarck avait mis des suppositions; elle se borne à remplacer, dans l'édifice demeuré debout, une pierre altérée par une autre d'apparence plus solide.

Différents degrés d'individualité : plastides, mérides, zoïdes et dèmes. — Nous pouvons même aller plus loin en coordonnant simplement les faits observés, et suivre pas à pas le mécanisme de l'accroissement du corps et de la diversification de ses parties. Par leur groupement direct, les éléments anatomiques, que nous pouvons, pour abréger, désigner maintenant sous le nom de *plastides* (Hæckel), ne forment jamais des organismes bien compliqués; les organismes, dont le corps tout d'une venue ne contient qu'un petit nombre d'organes se répétant rarement dans un ordre déterminé, peuvent être convenablement désignés sous le nom de *mérides* [1]. Comme les mérides, les plastides possèdent la faculté de produire par une croissance locale, dite *bourgeonnement*, des mérides plus ou moins semblables à eux-mêmes [2]. A la formation de ces mérides prennent part ordinairement tous les organes essentiels du méride progéniteur, de sorte que lorsque plusieurs mérides ont été ainsi engendrés les uns sur les autres, tous leurs organes similaires sont d'abord en continuité. Il peut alors se produire deux cas : ou bien les mérides de récente génération se séparent pour mener une existence indépendante (Hydre d'eau douce, divers Turbellariés), ou bien ils demeurent associés en une individualité

[1] Edmond Perrier, *Les colonies animales et la formation des organismes*, 1881, p. 701, 705, 709, 717.

[2] Une étude très complète du bourgeonnement dans le cas le plus compliqué, celui des Ascidies composées, vient d'être faite, à ma demande, par un des élèves les plus distingués du Muséum d'histoire naturelle, M. Pizon, docteur ès sciences, professeur agrégé d'histoire naturelle au lycée de Nantes (A. Pizon, *Histoire de la blastogénèse chez les Botryllidés. — Annales des sciences naturelles*, 7ᵉ série, t. XIV, 1892).

plus complexe que nous nommerons un *zoïde*. Il est évident que, dans ce cas, chaque sorte d'organe du zoïde n'est que la somme des organes correspondants des mérides qui le constituent (chaîne nerveuse des Arthropodes et des Vers annelés; tube digestif et appareil génital des mêmes animaux; appareil néphridien des Vers; appareil trachéen des Insectes, etc.). Ces organes restent d'abord dans les mérides auxquels ils correspondent; mais comme ils sont en continuité dans toute l'étendue du zoïde, si les parties qui établissent cette continuité se raccourcissent, elles entraînent le rapprochement des organes élémentaires entre lesquels elles s'étendent et la formation d'organes compacts qui occupent dans le zoïde une place restreinte, paraissent la propriété indivise de ses mérides constitutifs et ne laissent plus reconnaître les organes fondamentaux qui proviennent de chacun de ces derniers. On peut suivre par exemple toutes les phases de phénomènes de coalescence de ce genre dans les diverses formes que revêt la chaîne nerveuse des Crustacés décapodes et celle des Coléoptères, l'appareil rénal des Vertébrés ou encore l'appareil génital des Insectes quand on passe des Thysanoures aux Orthoptères. D'autres fois, les organes indivis des zoïdes se forment par l'avortement des organes de la même catégorie d'un certain nombre de mérides et l'hypertrophie des organes restants de cette catégorie; c'est une application de *la loi du balancement des organes* de Geoffroy Saint-Hilaire dont une interprétation précise apparaît ici. Ces phénomènes de coalescence et d'autres encore amènent, entre les divers mérides associés pour constituer un zoïde, un degré de solidarité qui s'oppose à toute séparation ultérieure de leur part; cette solidarité peut même s'affirmer, au point de vue morphologique, par une fusion des mérides dont les limites s'effacent peu à peu et deviennent enfin totalement méconnaissables; elle est atteinte, au point de vue physiologique, par la division du travail qui s'effectue entre les divers mérides comme elle l'avait fait entre leurs plastides, et qui les amène à différer beaucoup les uns des autres. Les mérides qui ont revêtu la même forme, qui remplissent la même fonction, se groupent souvent d'ailleurs de manière à constituer ensemble soit des individualités susceptibles de se séparer et de mener une vie indépendante (Méduses des Polypes hydraires; individus reproducteurs des Autolytes, etc), soit des régions du corps affectées chacune à une fonction particulière; c'est ainsi que, chez les Insectes, le corps se divise en trois régions : la *tête* ou région sensitive et préhensile, le *thorax* ou région locomotrice et l'*abdomen* ou région viscérale. Dans ce cas, chaque individualité qui se sépare, chaque région du corps qui se caractérise peut être considérée comme un zoïde et l'ensemble de ces zoïdes peut recevoir le nom de *dème*.

Ces indications suffisent pour montrer que la science est actuellement en possession d'une théorie rationnelle de la formation des organismes, théorie basée uniquement sur l'observation, indépendante de toute hypothèse, et qui a pour point de départ unique les phénomènes qui résultent de l'aptitude des plastides à se nourrir, à se multiplier par division, à s'associer et à modifier, suivant les circonstances, leur forme et leur façon de vivre.

Influence de la volonté et des habitudes dans le perfectionnement des organismes. — Il semble que les circonstances extérieures ou, d'une manière plus générale, les conditions d'existence faites à chaque plastide aient eu d'abord une part prépondérante dans les modifications qu'il subit. Il en est au moins ainsi pour les végétaux et pour les animaux qui demeurent dans la catégorie des *animaux apathiques*, comme aurait dit Lamarck; ces modifications, sous l'action directe du milieu, semblent avoir été mises hors de doute par les recherches de toute une école de jeunes botanistes inspirés par un maître éminent, M. Ph. Van Tieghem [1]; mais intervienne le système nerveux, Lamarck avait-il réellement tort de dire que l'*afflux habituel des fluides subtils vers telle ou telle région du corps détermine dans cette région des modifications de structure et de croissance d'où résulte l'apparition d'organes nouveaux?*

---

[1] Voir notamment : J. Costantin, *Recherches sur la structure de la tige des plantes aquatiques* (*Annales des sciences naturelles. Botanique*, 6ᵉ série, t. XIX, 1885); *Recherches sur l'influence qu'exerce le milieu sur la structure des racines* (Ibid., 7ᵉ série, t. I, 1885); *Études sur les feuilles des plantes aquatiques* (Ibid., 7ᵉ série, t. III, 1886). Voir aussi les recherches de M. Gaston Bonnier, *Sur la végétation dans les régions alpestres.*

N'est-ce pas l'influx nerveux, c'est-à-dire un fluide subtil tel que l'entendait Lamarck, et un fluide bien semblable, sinon identique à l'électricité, qui, chez les animaux supérieurs, règle l'afflux du sang vers les organes, règle par conséquent l'activité de leur nutrition et peut ainsi déterminer leur hypertrophie ou leur déchéance? S'il n'est pas possible d'attribuer à ce phénomène régulateur l'apparition même des organes à laquelle nous venons d'assigner d'autres causes, n'intervient-il pas à un certain degré dans les modifications que subissent les systèmes d'organes des mérides d'un même zoïde lorsqu'ils deviennent les organes compacts de ce dernier? Ne savons-nous pas, d'autre part, que l'attention que nous portons à certaines parties de notre corps, le visage par exemple, suffit pour en déterminer la congestion, et la congestion répétée d'une région du corps n'entraîne-elle pas nécessairement des modifications dans sa croissance et sa constitution? Jusqu'où peuvent aller ces modifications? Sont-elles héréditaires et dans quelle mesure? On a sur ces difficiles sujets plus d'affirmations que d'expériences, plus d'opinions que de démonstrations; cependant, malgré de récents et rudes assauts, les faits semblent, à l'heure actuelle, plus favorables à l'opinion de Lamarck qu'à tout autre. Si les accès de colère des Ruminants auxquels Lamarck attribuait l'apparition de leurs cornes n'ont été directement pour rien dans ce phénomène, qui pourrait affirmer que les chocs répétés nécessairement éprouvés par le crâne de ces animaux dans leurs courses sous bois ou dans leurs luttes fréquentes, tête contre tête, et les modifications d'abord momentanées de vascularisation qui en résultent pour les tissus péricrâniens n'ont pas été pour quelque chose dans la formation de ces exostoses? Et ne serait-il pas intéressant de rechercher si l'abondance et la longueur des poils chez les animaux des pays froids, la rareté et la brièveté de ces productions chez les animaux des pays chauds ne sont pas dues, dans une certaine mesure, aux modifications que la température, par l'intermédiaire des nerfs sensitifs et des nerfs vasomoteurs, détermine dans le derme et dans les bulbes pileux? Tout le monde est d'ailleurs d'accord — et on l'a été de tout temps — pour admettre l'influence de l'usage ou du défaut d'usage sur les organes d'un animal; on ne peut nier que la volonté n'intervienne dans

l'usage que fait un animal des parties de son corps; que l'habitude de certains mouvements n'exerce une action sur la forme des parties du corps
qu'ils intéressent; les huitième, neuvième et dixième des propositions résu-
mant la théorie de Lamarck sont donc fort près de la vérité en ce qui
concerne les individus. Les phénomènes qu'elles visent ont-ils joué un
rôle dans la création des diverses formes vivantes? On ne peut se dispenser
de faire remarquer que, dans bien des cas, la forme du corps est précisé-
ment telle qu'elle devrait être s'il fallait répondre affirmativement à cette
question. Chez les animaux à symétrie bilatérale, la région antérieure du
corps présente le maximum d'activité, la région postérieure demeurant
plus ou moins inerte; dans les groupes les plus variés, cette région postérieure s'atrophie; presque toujours elle est graduellement amincie : elle
constitue un post-abdomen très grêle chez les Scorpions, étroit et aplati
chez les Hermelles, les Thalassines, les Crabes; une queue chez les Thély-
phones et le plus grand nombre des Vertébrés; la queue disparaît, à son
tour, chez les Phrynes et les autres Arachnides, les Batraciens anoures et
divers Mammifères; l'abdomen tout entier, déjà raccourci chez les Crustacés amphipodes et isopodes, manque même chez les Caprelles et les
Pycnogonides. Ce phénomène auquel Morse a donné le nom de *céphalisation*
aurait, suivant ce naturaliste, joué un grand rôle dans la constitution de
certaines formes animales (Brachiopodes, Mollusques, etc.).

A un autre point de vue, n'est-il pas frappant de voir dans la série des
Reptiles et dans celle des Mammifères la rapidité à la course ou l'aptitude
au saut obtenues par des modifications des pattes qui peuvent être reliées
entre elles par cette simple formule : *Tout se passe comme si l'animal s'était
volontairement et habituellement dressé sur ses pattes de manière à ne marcher
finalement que sur l'extrémité de ses doigts?*

Chez les Reptiles primitifs, en effet, chez les Reptiles actuels et chez
les Monotrèmes, le bras et la cuisse se meuvent dans un plan horizontal;
il en est de même de la main et du pied, de manière que l'animal n'est
éloigné de terre que par la longueur de l'avant-bras et de la jambe; cette
longueur est insuffisante pour empêcher le corps de reposer à terre pendant le repos, d'appuyer sur le sol et de contribuer même d'une manière

constante à la progression quand elle a lieu : l'animal *rampe*. Le premier progrès dans l'allure est réalisé par un changement dans l'orientation du bras et de la cuisse dont l'extrémité périphérique est rapprochée du corps, comme lorsque l'animal se dresse sur ses pattes, ainsi que le font souvent les Crapauds, par exemple; le bras et la cuisse arrivent de la sorte à se mouvoir dans un plan vertical, et l'animal se trouve éloigné du sol de toute la longueur de la projection verticale du bras et de l'avant-bras, d'une part, de la cuisse et de la jambe, d'autre part; le ventre cesse de traîner à terre, mais la main et le pied appuient encore sur le sol de toute leur étendue : l'animal *marche;* il est, en général, peu apte à courir et à sauter; il est dit *plantigrade;* c'était l'allure des Dinosauriens sauropodes; c'était, suivant Cope, celle de tous les Mammifères primitifs, et elle s'est encore conservée comme on sait chez un grand nombre de ces animaux. Le redressement du métacarpe et du métatarse constitue un troisième progrès, réalisé chez les Dinosauriens théropodes, les Oiseaux et un grand nombre de Mammifères qui prennent ainsi l'allure *digitigrade;* enfin, chez les Mammifères ongulés, il arrive même que les doigts ne portent plus sur le sol que par leur extrémité comme si l'animal s'était dressé sur ses pointes : c'est l'allure *unguligrade* des meilleurs coureurs. Toutes ces modifications dans l'allure, de même que le redressement du corps sur les membres postérieurs que présentent les Dinosauriens ornithopodes, les Oiseaux, les Gerboises, les Kangurous, etc., peuvent s'expliquer d'une manière toute physiologique, comme le voulait Lamarck, par un effort habituel, avantageux à l'animal, par l'hérédité de l'habitude. L'animal aurait bien dès lors modifié ses organes par une tension continuelle de sa volonté, mais par une action ne s'exerçant directement que sur les nerfs, par eux sur les muscles et finalement sur les os.

Cette action des muscles sur les os est si nette que M. Marey a pu écrire à ce propos :

« En résumé, tout, dans la forme du système osseux, porte la trace de quelque influence étrangère et particulièrement de la fonction des muscles. Il n'est, pour ainsi dire, pas une seule dépression ni une seule saillie du squelette dont on ne puisse trouver la cause dans une force extérieure qui a agi sur la matière osseuse, soit pour l'enfoncer, soit pour la tirer au dehors. Ce n'était donc pas une exagération métaphorique de dire : l'os subit comme une cire molle toutes les déformations que les forces extérieures tendent à lui imprimer, et malgré sa dureté excessive il résiste moins que les tissus souples aux efforts qui tendent à changer sa forme. »

Et le savant et ingénieux physiologiste, auquel l'étude des mouvements doit tant et de si beaux progrès, ajoute :

« Et maintenant, cette forme nouvelle acquise par la fonction disparaîtra-t-elle tout entière avec l'individu; n'en reviendra-t-il pas la moindre trace à ses descendants? L'hérédité fera-t-elle une exception unique pour les caractères acquis? Cela semble bien improbable, et cependant il faudrait l'admettre pour avoir le droit de repousser ce qu'on appelle l'hypothèse du transformisme. Il faudrait faire une contre-hypothèse qui renverserait les lois ordinaires de l'hérédité pour refuser à certains caractères ordinaires le droit d'être transmissibles [1]. »

Le néo-lamarckisme américain. — Aux questions posées par M. Marey dès 1873 répond, comme il le fait lui-même, avec l'autorité puissante que lui donnent ses nombreuses découvertes dans le monde des fossiles américains de la période tertiaire, le savant paléontologiste Edward Cope, l'un des hommes qui ont le plus contribué à construire l'histoire généalogique des Mammifères. Nous avons exposé comment la volonté, stimulée par les besoins de la sécurité et de l'alimentation, semblait être, à diverses reprises, intervenue dans les changements d'allure des Vertébrés terrestres; M. Marey nous a montré l'action incessante des muscles pour la déformation et la transformation des os; Cope met en évidence par un grand nombre d'exemples le mécanisme de ce genre d'actions, en déterminant les conséquences des chocs et des tensions longitudinales. Il ne s'agit pas ici de simples intuitions tirées de la comparaison du mode de locomotion des animaux et des proportions relatives des diverses parties de leurs membres. Des données physiologiques, basées sur l'expérimentation, ont

---

[1] J. Marey, *La machine animale* (*Bibliothèque scientifique internationale*, p. 98, 1873).

depuis longtemps établi que l'irritation de certaines parties des os déter-
minait chez eux un accroissement plus ou moins rapide; d'autre part, Kölliker a montré autrefois que la pression due à la croissance des parties
molles et peut-être toutes les pressions en général, influence exactement
contraire de celle de la tension longitudinale, déterminaient l'apparition,
dans les parties comprimées des os, d'éléments spéciaux qu'il nomme *ostéo-
clastes* ou *ostéophages*, éléments susceptibles de digérer la substance osseuse
et d'amener par conséquent la destruction de l'os sur les points où ils se
multiplient; il explique ainsi la chute périodique du bois des Cerfs[1].
C'est en partant de ces données positives que Cope, suivant l'évolution de
formes de Mammifères à travers la série de périodes géologiques, nous
montre l'allongement de leurs os constamment proportionnel au nombre
des chocs, à l'intensité des excitations qu'ils subissent. Or le nombre et la
direction des chocs, les pressions subies par les os, les régions d'application des chocs et des pressions dépendent essentiellement de l'usage que
l'animal fait de ses membres, de l'orientation qu'il leur donne, c'est-à-
dire indirectement de sa volonté. Aussi n'est-ce pas seulement la longueur
des os, mais leur forme, leurs reliefs, leurs creux, leur agencement réci-
proque, qui peuvent être modifiés. La production des cornes des Rhinocéros
et des Ruminants n'échappe pas à cette explication; ces organes n'apparaissent que dans les régions du corps les plus exposées aux chocs; elles
sont la conséquence des excès de nutrition qu'amènent les congestions
fréquentes de ces régions : l'explication de Lamarck dont on a tant ri et
celle de Cope ne diffèrent que par la cause assignée aux phénomènes
congestifs, cause psychique pour le naturaliste français, mécanique pour
le paléontologiste américain[2].

D'autre part, le redressement graduel de la main et du pied rend inutiles les doigts les plus courts. Aussi ces organes, presque toujours penta-

[1] Albert von Kölliker, *De l'absorption
normale et typique des os et des dents* (*Archives
de zoologie expérimentale*, 1ʳᵉ série, t. II,
1873, p. 24).

[2] Les idées de Cope, répandues dans
divers mémoires, ont été coordonnées et ré-

sumées dans le *Journal of morphology* sous
le titre *The mechanical causes of the develop-
ment of the hard parts of the Mammalia*. —
M. Priem a donné une analyse de ce travail dans la *Revue des sciences* du 15 juillet
1891.

dactyles chez les Vertébrés terrestres plantigrades, perdent-ils graduellement leurs doigts latéraux et finissent-ils par être monodactyles, comme
chez les Chevaux. L'histoire du type Cheval dans l'ancien et le nouveau
monde, depuis la forme tétradactyle jusqu'à la forme monodactyle,
montre étape par étape comment cette modification a été réalisée.

Mais le changement d'allures que nous venons d'indiquer ne borne
même pas là son influence. Le développement de la force nécessaire à un
animal pour soutenir le poids de son corps, désormais habituellement loin
de terre, exige la consommation d'une quantité plus grande de chaleur,
une combustion respiratoire par conséquent plus active, un appareil pul-
monaire construit de manière à emprunter à l'air la quantité d'oxygène
indispensable à cette combustion, un appareil circulatoire approprié à cet
accroissement d'importance de la fonction. Ce sont là des modifications
corrélatives qu'il est facile de prévoir, qui existent en réalité et dont la
physiologie précisera tôt ou tard le mécanisme.

Influence des changements de fonction des organes. — A ces exemples frappants, qui montrent à quel point étaient justes au fond les idées de Lamarck relativement à l'intervention personnelle des animaux dans les
modifications, d'ailleurs inconscientes, qu'ils éprouvent, on pourrait ajouter
la longue série des faits par lesquels Dohrn a montré comment les organes
d'un animal sont susceptibles de changer de fonction, comment ils se
modifient à la suite de ce changement de fonctions et comment leurs modifications entraînent à cet égard des modifications profondes dans l'aspect
général de l'animal à qui ils appartiennent[1], et, pour ne citer qu'un
exemple, l'histoire des appendices des Arthropodes est-elle autre chose
que l'histoire de leurs changements de fonctions et des modifications qui
en sont la conséquence? Nous avons nous-même montré comment ces
changements de fonctions étaient intervenus à tous les degrés de l'échelle
animale et combien importantes avaient été les modifications organiques
qui en étaient résultées[2].

[1] Anton Dohrn, *Der Ursprung der Wirbelthiere und das Princip des Functionswechsels*,
Leipsig, 1875. — [2] E. Perrier, *Les colonies animales*, 1881.

Hérédité des caractères acquis. — Opposition et doctrine de Weissmann. —
Les notions d'*espèce* et de *race* ne sont autre chose que la notion même de
l'hérédité des caractères « naturels ». La onzième des propositions du lamarckisme, affirmant l'hérédité des caractères « acquis », est pleinement
acceptée de tous les naturalistes, lorsqu'il s'agit de caractères congénitaux,
brusquement apparus au cours du développement; la démonstration expérimentale de cette hérédité est faite, même en dehors des hommes de
science, par les pratiques de la zootechnie; c'est ainsi que se constituent
et que se conservent les *races domestiques*. On la refuse souvent aux caractères acquis au cours de la vie. Nous avons déjà vu MM. Marey et Cope
protester contre cette distinction; en quoi, en effet, pourrait-elle con-
sister? Un caractère qui se manifeste brusquement au cours du développement embryogénique a-t-il apparu sans cause? S'il a une cause, n'est-il
pas lui aussi un caractère acquis? A quel moment, d'ailleurs, s'arrête le
développement d'un animal? Ne savons-nous pas que les animaux les plus
voisins, les Pénées, les Crevettes, les Écrevisses, par exemple, peuvent
éclore aux phases les plus diverses de leur évolution, et ce qui est pour
l'un une période de vie active est pour l'autre une période embryonnaire?
Un organisme n'est-il pas d'ailleurs en évolution perpétuelle, et peut-on
établir sérieusement que des caractères acquis à la période de cette évolution où il est en pleine puissance reproductrice ne seront pas transmissibles, tandis que l'on ne conteste pas cette faculté aux caractères acquis
à une période antérieure? Dira-t-on que les seules modifications transmissibles sont celles qui résultent du milieu interne, qui atteignent la
substance constitutive des éléments ovulaires elle-même et qui se mani-
festent extérieurement sans qu'aucune cause apparente les ait déterminés,
telles l'apparition spontanée de la précieuse toison des Mérinos, la disparition des cornes chez certaines races de Ruminants domestiques, la déformation spéciale du museau des Bouledogues et des Bœufs gnato, etc.?
Mais que signifie encore cette distinction? Il n'y a pas d'autre moyen de
transmission héréditaire des caractères qu'une action sur les éléments reproducteurs. Or ces éléments ne se modifient pas spontanément; il faut
de toute nécessité une cause externe à leurs modifications; cette cause ne

6.

peut résider que dans le milieu ambiant où ils évoluent; ce milieu, à son
tour, est inerte, et il subit, sans choisir, les influences qui s'exercent sur
lui d'où qu'elles viennent. En quoi d'essentiel les influences des éléments
les plus prochains pourraient-elles différer de celles des éléments plus
lointains et des influences externes proprement dites? Il suffit d'analyser
ainsi les phénomènes pour se rendre compte de l'inanité des distinctions
qu'on a cherché à établir entre les caractères se développant spontanément, les caractères d'origine embryonnaire, les caractères acquis par
l'habitude, les caractères accidentels ou même purement traumatiques.
Au fond, toutes les théories que l'on peut imaginer se ramènent à deux
doctrines absolues, essentiellement antagonistes l'une de l'autre. Ou bien
il faut admettre dans toute sa généralité l'hérédité des caractères acquis,
ou bien il faut admettre la prédestination du protoplasma, évoluant en
vertu de forces intérieures qui lui sont propres. Mais alors nous sortons
du domaine de la science pure pour entrer dans celui de la métaphysique.
C'est, en effet, à quoi le professeur A. Weissmann, de Fribourg, a été
conduit dans une série d'essais récemment réunis en un important volume[1].

Weissmann nie d'une façon absolue l'hérédité des caractères acquis au
cours de la vie des individus. Il se garde bien cependant de nier que les
espèces se transforment; dès lors, comment expliquer leurs transformations
sans faire intervenir l'action du milieu et l'hérédité des caractères qu'elle
détermine? Si l'on essaye de clarifier la théorie quelque peu nébuleuse de
Weissmann, voici ce qu'on y trouve : les Protozoaires se multipliant exclusivement par voie de division, c'est-à-dire par un véritable bouturage,
chaque individu nouveau n'étant que la moitié ou tout au moins une
fraction de l'individu qui l'a précédé, on peut dire que chaque individu se
continue indéfiniment à travers les âges et que toutes ses modifications se
transmettent à sa descendance, puisqu'il demeure toujours lui-même; tels
se transmettent par le bouturage tous les caractères des individus que l'on
propage par ce mode de culture. Les Protozoaires, en somme, sont éter-

[1] A. Weissmann, *Essais sur l'hérédité et la sélection naturelle* (Traduction française par
Henry de Varigny, 1892).

nels; on peut désigner tout de suite la substance dont ils sont formés sous
le nom de *plasma germinatif*. Ceci posé, l'œuf fécondé et l'œuf parthéno-
génétique des animaux et des plantes pluricellulaires contiennent deux
sortes de plasma : 1° le *plasma germinatif*; 2° le *plasma somatique*. Lors
de l'évolution de l'œuf, le plasma somatique est presque seul employé à
la constitution des éléments anatomiques qui forment le corps proprement dit; ce plasma est destiné à mourir en totalité, à disparaître, comme
disparaissent accidentellement une foule d'Infusoires. Les modifications
qu'il éprouve ne sauraient être transmises par hérédité, puisqu'il meurt
tout entier. Au contraire, le plasma germinatif est la partie essentielle
des éléments reproducteurs. Celui que possède chaque individu n'est
qu'un fragment détaché de celui de ses parents; le plasma germinatif se
perpétue, comme les Infusoires, en se divisant à travers toute la chaîne
des individus depuis l'origine des choses; il reflète par conséquent quelque
chose de chacun des individus constituant cette longue chaîne. Au cours
de cette perpétuelle évolution, le plasma germinatif change lentement de
constitution et ce sont ces changements de constitution qui amènent celles
des organismes au sein duquel il est contenu. Toutes les variations des organismes sont donc spontanées. Les changements qui s'effectuent en apparence sous l'influence des milieux et qui se transmettent héréditairement
ne sont qu'une conséquence de la sélection naturelle. Celle-ci ne laisse
subsister que les variations en harmonie avec les diverses sortes de conditions d'existence. Ces conditions provoquent l'usage ou le défaut d'usage
des organes. Quand un organe est utile, il ne reproduit que les individus
chez qui il a atteint spontanément un degré moyen de puissance; quand
il est inutile, le degré de développement virtuel de l'organe n'est plus
l'objet d'aucune sélection; il y a *panmixie*, c'est-à-dire mélange en tous
sens de ses altérations diverses; les individus où l'organe déchu de toute
fonction est faiblement développé sont admis comme les autres à la reproduction, leur plasma germinatif finit par l'emporter et l'organe disparaît.
C'est là un des côtés commodes de la sélection naturelle. Que l'on prenne
pour point de départ une variation désordonnée, quelle qu'elle soit, la sélection naturelle arrivera toujours à la mettre d'accord avec les constitu-

tions ambiantes. Seulement existe-t-il des variations désordonnées, c'est-à-dire des variations spontanées, sans cause? Est-il conforme à la méthode scientifique de revenir puiser, sans nécessité absolue, à la vieille doctrine de l'indétermination des phénomènes vitaux? Et n'est-ce pas, en somme, ce que fait Weissmann?

Où trouver, en effet, dans l'hypothèse de la continuité du plasma germinatif le commencement d'une explication scientifique de l'évolution des formes vivantes? Comment mettre d'accord l'infinité de particules que l'on est obligé de supposer dans le plasma germinatif pour expliquer la transmission des caractères ancestraux avec les dimensions finies que toutes les recherches conduisent à attribuer non seulement aux molécules des corps composés, mais encore aux atomes des corps simples? Comment ce plasma germinatif, qui n'a jamais fait partie intégrante d'un organisme vivant, puisqu'il est distinct du plasma somatique, a-t-il acquis la puissance de diriger la formation d'organismes de plus en plus compliqués? Les modifications graduelles sont-elles spontanées, au sens absolu du mot? Reconnaissent-elles au contraire une cause extérieure quelconque? Dans le premier cas, nous sommes en présence de la prédestination pure et simple; dans le second, nous revenons aux caractères acquis et nous sommes amenés à en reconnaître l'hérédité; car, nous l'avons vu, toute distinction est illusoire entre les diverses sortes de caractères; toute la question est de savoir, parmi les caractères extérieurs, considérés comme autant de forces agissantes ou tout au moins de conditions d'exercice de ces forces, quels sont ceux qui peuvent atteindre les éléments génitaux.

Aussi bien l'ensemble de la doctrine est-il fait d'hypothèses pour la plupart gratuites. Les recherches de M. Maupas ont démontré que les Infusoires n'ont pas la durée illimitée que leur suppose Weissmann; la distinction entre le plasma germinatif et le plasma formatif n'a pour elle qu'une apparence de réalité; toutes les parties de l'œuf contribuent, sans distinction apparente, à la constitution de tous les éléments anatomiques du corps; on n'y distingue nullement deux sortes de plasma, même quand les éléments génitaux se différencient de bonne heure, et dès lors toute la doctrine s'écroule.

Est-il bien vrai, d'autre part, que la sélection naturelle combinée avec la variabilité spontanée, qu'elle ait ou non pour cause les modifications du plasma germinatif résultant de son passage au travers d'un grand nombre d'organismes différents, soit suffisante pour rendre compte de tous les phénomènes? Déjà les transformations successives de la dentition des Mammifères sont de nature à faire douter de la justesse des explications de Weissmann. Cope a montré comment l'usage que les animaux font de leurs dents expliquait l'élévation graduelle du fût de ces organes, l'apparition graduelle des denticules, de plis variés, d'espaces remplis de cément qui sont si fréquemment utilisés dans les caractéristiques. Mais, abstraction faite de ces modifications, il en est d'un autre genre, si peu en rapport avec l'idée nouvelle, si en rapport avec la vieille thèse de l'hérédité des caractères acquis, qu'elle équivaut presque à une démonstration de cette dernière.

Si l'on compare les dents des Mammifères herbivores les plus récents, de ceux qui présentent les adaptations les plus étroites, aux dents des Mammifères plus anciens, on trouve encore une formule simple : les surfaces broyantes *des dents des formes les plus récentes sont celles qui résulteraient de la transmission par hérédité des dents usées des formes anciennes*. Les denticules des molaires des Mastodontes étaient saillants, en forme de collines transversales; ils sont remplacés par des surfaces planes chez les Éléphants : on peut suivre tous les passages des dents mamelonnées des omnivores et herbivores bunodontes aux dents rasées des Mammifères sélénodontes [1]; mais, comme pour parer à cette usure, la dent s'accroît en hauteur, les vallées qui séparent les denticules s'approfondissent et se remplissent de cément. Tels sont encore les caractères qui permettent de passer des dents du *Xiphodon* à celles du *Bison*, de celles des *Lophiodon* à celles des *Elasmotherium*, en passant par celles des Rhinocéros [2]. Sans doute, on peut dire, sans qu'il soit possible d'en donner une démonstration précise, que les dents planes des herbivores leur sont avantageuses, mais

[1] Albert Gaudry, *Les enchaînements du monde animal.* Mammifères tertiaires, t. I, p. 91.

[2] Albert Gaudry et Marcellin Boule, *Matériaux pour servir à l'histoire des temps quaternaires*, 1888, p. 88 et pl. XVIII.

comment expliquer que les modifications des dents mamelonnées se soient faites justement dans le sens de l'usure?

La difficulté s'accroît encore lorsqu'il s'agit d'expliquer des caractères qui semblent dépendre non de l'avortement de tel ou tel organe tombé en désuétude, mais d'une simple attitude *volontairement* prise par l'animal et qui semble s'être figée en lui. L'histoire des Holothuries qui habitent les plus grandes profondeurs de la mer est à cet égard pleine d'enseignement. Ces formes abyssales d'Échinodermes peuvent se répartir en trois groupes : 1° celles qui ont perdu leurs tubes locomoteurs et ont pris une forme régulièrement ellipsoïdale (*Ankyroderma*); 2° celles qui, habitant la vase, se sont recourbées en U, de manière que leurs deux orifices buccal et anal, ainsi rapprochés de la surface, puissent fonctionner commodément (certains *Echinocucumis*, *Ypsylothuria* et comme terme externe *Rhopalodina*); 3° celles qui, vivant à la surface de la vase, ont abandonné la forme rayonnée, se sont constitué une sole ventrale sur laquelle elles rampent, acquérant ainsi une symétrie bilatérale des plus nettes, et finalement ont redressé vers le haut l'extrémité buccale de leur corps ou l'ont ramenée vers le bas, suivant qu'elles possédaient des tentacules ramifiés et ciliés, propres à attirer vers leur bouche les matières alimentaires flottantes (*Psolus*), ou que, dépourvues d'un semblable appareil, elles étaient obligées d'avaler de la vase pour se nourrir (*Elasipoda*). Dans les deux derniers groupes, les transitions sont si ménagées que l'on voit en quelque sorte la transformation s'accomplir, que l'on saisit sur le vif le mécanisme grâce auquel la transformation des Holothuries initiales a été réalisée. Comment les variations graduelles du plasma germinatif auraient-elles pu produire et rendre définitive cette flexion du corps si bien adaptée aux besoins de la structure de l'animal et qui semble résulter si directement de ses attitudes habituelles?

Les transformations qu'a subies le corps des *Paguridæ*, transformations soigneusement étudiées par MM. Alph. Milne-Edwards et Bouvier, et qui sont étroitement en rapport avec les habitudes de ces animaux, fourniraient un ensemble d'arguments analogues et plus frappants peut-être en faveur de l'hérédité des caractères acquis, ou *hérédité lamarckienne*. Mais où la supériorité de cette dernière hypothèse s'affirme avec une netteté évidente, c'est dans l'explication des instincts des Insectes. Une Guêpe se jette sur une Araignée, la frappe de son aiguillon en un seul point, la paralyse ainsi d'un seul coup, l'emporte dans son terrier et la livre en pâture à sa larve. Comment les modifications du plasma germinatif, même aidées de la sélection naturelle, ont-elles pu être justement dirigées de façon à apprendre au singulier animal que les Araignées pouvaient être paralysées d'un seul coup d'aiguillon; qu'ainsi paralysées, elles ne pourrissaient pas et pouvaient fournir à ses larves, que la brièveté de son existence l'empêchera de jamais connaître, un aliment toujours frais?

Nous avons montré ailleurs[1] comment ces étonnants instincts, réputés inintelligibles, s'expliquaient par une éducation et une expérience longuement acquises à une époque où la vie des Insectes n'était pas limitée par l'existence des saisons. Là encore, les gradations conservées permettent de saisir sur le fait le mécanisme du développement de ces merveilleux instincts, tandis qu'on ne saurait faire comprendre comment les variations d'un animal, quelles qu'elles soient, peuvent être telles qu'elles lui permettent d'apprendre spontanément l'effet des blessures qu'il infligera à un autre animal, au profit d'êtres qu'il ne doit pas connaître.

Dans un article récent, l'éminent philosophe anglais Herbert Spencer a élevé contre la théorie de Weissmann des objections d'une tout autre nature, tirées du mode de répartition de la sensibilité à la surface du corps, répartition qui s'explique par l'éducation, l'exercice et l'hérédité, nullement par la sélection naturelle[2].

Nous accorderons si l'on veut que les faits que nous venons d'exposer ne sont que des difficultés; que la facilité plus ou moins grande avec laquelle deux doctrines lèvent ces difficultés ne permet pas de choisir entre elles d'une manière décisive. Il vaudrait certainement mieux pouvoir montrer que des caractères acquis d'une manière connue, à une époque

---

[1] Préface au livre de Romanes : *L'intelligence des animaux*, trad. franç., p. xxix, 1887.

[2] Herbert Spencer, *The inadequacy of « natural Selection »* (*Contemporary Review*, February and March 1893).

déterminée, ont été transmis par hérédité. On a signalé deux sortes de
caractères de cet ordre :

1° Des Mammifères à qui on a coupé la queue, à leur naissance, pendant un certain nombre de générations, auraient fini par produire des
individus sans queue;

2° Des Cochons d'Inde à qui M. Brown-Séquard avait fait subir certaines lésions de la moelle épinière, de racines spinales déterminées, ou
du nerf sciatique, sont devenus épileptiques et ont transmis leur épilepsie
à leurs descendants.

M. Weissmann nie le premier fait au nom d'expériences personnelles
ayant porté sur cinq générations de Souris blanches; il interprète le second en admettant que M. Brown-Séquard a inoculé sans le savoir à ses
Cochons d'Inde une maladie microbienne et que c'est le microbe, non
l'état pathologique, qui a été transmis. Voilà de bien pauvres arguments.
Si des renseignements verbaux qui nous sont parvenus sont exacts, l'expérience des Souris blanches de M. Weissmann aurait duré trop peu de
temps; ce serait seulement au bout de soixante générations que la perte
de la queue deviendrait héréditaire chez les Souris. Voici d'ailleurs un fait
historique qui semble donner raison aux partisans de l'hérédité. Il existe
en Angleterre une race de Chiens de bergers sans queue (*The old english
bobtail Sheep dog*). M. Mégnin raconte ainsi l'origine de cette race [1] : « Une
ancienne loi anglaise exemptait de la taxe tout Chien de berger qui n'avait
pas de queue et on la leur coupait toujours; par suite de cette mutilation
pratiquée pendant des siècles, cet organe a disparu, et les Chiens de cette
race naissent aujourd'hui sans queue. Jonathan Franklin raconte, dans sa
Vie des animaux, comment on pratiquait autrefois cette opération : quand
l'animal était encore jeune, les bergers extrayaient avec les dents l'os qui
forme la racine de cet appendice!...... » C'était un moyen d'éviter les
hémorragies.

En ce qui concerne la transmission de l'épilepsie chez les Cochons
d'Inde, vraiment Weissmann en prend bien à son aise. Aussi M. Brown-

[1] P. Mégnin, *Les Chiens de berger* (*Revue des sciences naturelles appliquées*, 8 avril 1893).

Séquard a-t-il beau jeu de lui demander d'expliquer pourquoi le microbe entre dans l'organisme par certaines plaies et non pas par certaines autres; pourquoi la section de l'une ou l'autre des bifurcations des sciatiques n'est suivie que d'une épilepsie incomplète, tandis que celle du tronc engendre l'épilepsie complète; pourquoi l'épilepsie disparaît souvent par la régénération des sciatiques; pourquoi le microbe de l'épilepsie remonte jusqu'aux centres nerveux par les nerfs sciatiques et non pas par d'autres; comment enfin il se fait que le microbe entre dans l'organisme, amenant l'épilepsie, alors qu'on écrase le nerf sciatique et les muscles qui l'environnent, sans faire même d'ouverture à la peau[1].

Nous croyons savoir d'ailleurs que les expériences de M. Brown-Séquard ont été reprises avec les précautions antiseptiques les plus rigoureuses et ont donné les résultats annoncés par cet habile investigateur.

Après cette discussion, n'est-on pas en droit d'admettre que la théorie de Lamarck demeure victorieuse dans la bataille que viennent de lui livrer les partisans du darwinisme exclusif, et que l'hérédité des caractères acquis par les individus sous l'influence d'actions déterminées a été l'un des grands facteurs de la formation des espèces?

La fixité actuelle des espèces fût-elle démontrée, l'impossibilité de créer des hybrides fût-elle acquise, la doctrine transformiste n'en serait pas atteinte. — Lamarck avait-il tort de penser que ces constatations suffisaient pour expliquer l'apparition des espèces? On l'a affirmé avec une étonnante violence et les discussions auxquelles a donné lieu le mot *espèces* sont le plus bel exemple d'inextricable chaos qu'ait fourni l'histoire des sciences. Il y a plus : dans cette discussion, les rôles se sont trouvés presque toujours renversés, les partisans de la soi-disant école des faits s'appuyant uniquement sur l'idée *a priori* qu'ils se faisaient de l'espèce pour écraser leurs adversaires sous un déluge d'arguments étrangers à la cause; les prétendus théoriciens demeurant, au contraire, strictement d'accord avec les faits connus.

[1] Brown-Séquard, *Hérédité d'une affection due à une cause accidentelle* (Arch. de physiol. normale et pathologique, octobre 1893).

Deux faits incontestables et d'ailleurs incontestés dominent, en effet, toute la discussion, et il n'est permis à personne de les oublier :

1° Les formes animales et végétales d'une période géologique ne sont nullement identiques à celles de la période suivante, bien qu'aucun cataclysme ne sépare ces périodes les unes des autres;

2° Toute forme vivante est issue d'une forme vivante antérieure, à laquelle elle ressemble d'ordinaire presque exactement, bien qu'elle en puisse différer dans une certaine mesure.

Les faits constatés, sans qu'on puisse citer une dérogation quelconque à cette règle, sans que rien puisse autoriser à croire qu'à un moment quelconque de la durée des temps paléontologiques, une exception se soit produite, les faits constatés s'opposent à ce que l'on puisse admettre un seul instant, sans faire une hypothèse gratuite, que la chaîne des générations ait été interrompue, que les formes de végétaux et d'animaux de la période actuelle ne dérivent pas, en conséquence, de ceux des périodes antérieures; or, comme ces animaux ne se ressemblent pas, la *variabilité des espèces* est par cela même scientifiquement démontrée sans que rien puisse être opposé à cette conclusion, à moins que l'on n'entre dans le domaine des hypothèses.

Il y a plus : quand on suit attentivement la série des formes analogues qui se succèdent pendant la durée de longues périodes paléontologiques et jusqu'à la période actuelle, on constate que les différences qui existent entre ces formes ne dépassent nullement les limites de celles qu'on observe aujourd'hui entre les races d'une même espèce. C'est, en particulier, ce qui résulte invinciblement des belles recherches de M. Albert Gaudry et de M. H. Filhol sur les Mammifères tertiaires [1]. Les *faits constatés* n'autorisent donc pas à admettre dans la science une autre doctrine que celle du transformisme, que celle de Lamarck.

Que lui ont donc opposé les adeptes de la soi-disant école des faits? Une hypothèse suggérée uniquement par ce qui a été vu depuis le peu de

---

[1] H. Filhol, *Les Mammifères des Phosphorites du Quercy*. — Mammifères de Saint-Gérand-le-Puy. — Mammifères de Ronzon. — Mammifères d'Issel. — Mammifères de Sansans.

temps que l'homme observe sérieusement la nature et qui n'est même pas
en accord absolu avec les résultats positifs de ces observations : l'hypothèse que les individus appartenant à une même lignée sont essentiellement invariables, ce qui ne saurait, en tout cas, s'entendre que de la
période depuis laquelle l'homme lui-même n'a pas varié; que ces individus n'ont jamais présenté aucune modification, ce qui est contraire à
toutes les données paléontologiques, et qu'ils n'en présenteront jamais,
ce qui est une généralisation purement gratuite. Admettons cependant que
cette hypothèse soit rigoureusement vraie pour la période actuelle, que
les espèces actuelles soient vraiment invariables, il y a un point que ses
partisans n'ont pas remarqué jusqu'ici : c'est qu'elle n'a pas même la valeur d'une objection au transformisme, et qu'en la défendant, on ne porte
aucune atteinte à la doctrine, d'ailleurs inéluctable, qui fait descendre
les êtres vivants de la période actuelle de ceux qui ont vécu durant les
périodes précédentes. Effectivement les défenseurs de l'hypothèse de la
fixité des espèces considèrent habituellement l'espèce comme un fait initial, la définissent d'après leur conception particulière et s'efforcent ensuite de démontrer que leur définition est d'accord avec les faits. Mais
définir les espèces d'après les caractères qu'elles présentent aujourd'hui
et partir de cette définition pour établir qu'elles n'ont jamais été autre
chose, c'est à proprement parler faire un cercle vicieux et c'est dans ce
cercle vicieux que se débattent sans pouvoir en sortir les partisans de la
fixité indéfinie. Effectivement les faits démontrent que l'existence des espèces n'est pas absolument générale dans le règne animal. Tous les obser-
vateurs qui ont étudié les Rhizopodes, qu'il s'agisse des Foraminifères
avec William Carpenter, Terquem, Rupert Jones et Brady, ou des Radio-
laires avec Hæckel, tous sont d'accord que dans ces deux grandes divisions des Protozoaires, il n'y a pas d'espèces, mais seulement des séries
de formes qui s'enchaînent entre elles, de manière à former un arbre
compliqué dont les rameaux sont même parfois anastomosés. Or, dans
ces groupes, la multiplication s'accomplit par une simple division du
corps. Chez les Infusoires apparaît d'une manière régulière un phénomène plus ou moins accidentel dans les autres groupes et qui vient pério-

diquement couper la série des divisions, le phénomène des *conjugaisons*.
Entre ce phénomène et celui de la *fécondation,* qui est une condition
presque nécessaire de la reproduction dans les formes animales supé-
rieures, on trouve tous les intermédiaires. Dès que la conjugaison ou la
fécondation, la variabilité des individus nés les uns des autres diminue
jusqu'à paraître nulle dans certains cas, deux individus étant nécessaires
pour en produire un troisième, les variations présentées par l'un com-
pensent celles présentées par l'autre; il se fait entre eux une sorte de
moyenne des caractères qui présente une grande stabilité et ces caractères
moyens sont ceux de l'*espèce.*

Nous sommes ainsi ramenés à la définition habituelle de l'espèce. Les
naturalistes de toutes les écoles sont d'accord sur ce point : le seul moyen
physiologique de reconnaître si deux individus de sexe différent appartiennent à la même espèce consiste à les accoupler; la notion d'espèce est
donc connexe de la notion d'accouplement. Si maintenant on analyse les
conséquences de l'accouplement, on peut arriver à concevoir comment
des espèces se sont constituées; mais renverser le problème, à la façon
des adversaires du transformisme, admettre l'espèce et se servir des conséquences de l'accouplement pour démontrer sa fixité, c'est là qu'apparaît
nettement le paralogisme. Sur la question de l'existence des espèces et
même de leur impuissance à se mêler, dans la période actuelle tout le
monde a les mêmes opinions; la seule question, c'est d'expliquer comment
l'état de choses actuel s'est établi.

Or l'accouplement peut être fécond ou infécond; s'il est fécond, suivant le degré de ressemblance des individus accouplés, il peut donner :

1° Des individus féconds et indéfiniment semblables entre eux, si les
parents ne présentent que des différences sexuelles;

2° Des individus féconds et indéfiniment semblables entre eux, mais
présentant des caractères mixtes entre ceux de leurs parents, si ces derniers ajoutent aux différences sexuelles quelques différences héréditaires
d'une autre nature;

3° Des individus féconds, mais dissemblables et qui retournent au
bout d'un certain nombre de générations au type de l'un des parents, si

ces derniers présentent des différences plus profondes que les précédentes;

4° Des individus incapables de se reproduire.

Il est évident que les individus qui sont dans les deux premiers cas pourront s'unir et mélanger à tous les degrés leurs caractères ; ils sont de même *espèce*, et cette espèce pourra être brisée en autant de *races* qu'elle présente de caractères susceptibles de varier et de transmettre leurs variations par voie de génération. Les individus qui sont dans les deux derniers cas et ceux dont l'accouplement est infécond seront au contraire incapables de mélanger leurs caractères ; il ne pourra subsister entre eux aucun intermédiaire, ils demeureront isolés, ils seront d'espèce différente. Voilà tout ce que l'expérience nous apprend et nous n'avons pas le droit d'aller au delà. Les résultats des accouplements nous montrent qu'il y a dans le règne animal des lignées qui demeurent indéfiniment séparées; mais ils ne nous disent pas autre chose, et ils ne nous renseignent pas sur l'origine de ces lignées, sur les raisons de leur isolement, sur leur avenir. Ils nous montrent des formes qui s'isolent lorsqu'elles ont atteint un certain degré de dissemblance; mais cet isolement est le résultat de ces dissemblances, et nous n'avons pas le droit de conclure de ce qu'il s'est produit que les formes ainsi isolées ont toujours été séparées et n'ont pas pu procéder de parents communs. Les lignées qui s'isolent ainsi peuvent conserver un certain degré de plasticité ou devenir totalement invariables, présenter une absolue fixité de formes; c'est encore là un résultat qui n'a rien à voir avec l'origine de ces lignées et qui n'implique nullement que les formes ainsi fixées ne proviennent pas de formes qui ne leur ressemblaient pas. Un naturaliste qui voudrait conclure de cette fixité hypothétique, mais possible, à la fixité absolue agirait comme un géographe qui voudrait conclure de la tranquillité des eaux du lac de Genève à l'immobilité de celles du Rhône.

Contrairement à ce qu'on imagine d'ordinaire, les questions d'hybridation et de métissage n'ont pas une plus grande importance démonstrative que celle de la prétendue fixité actuelle des espèces. Elles n'ont pris une si grande place dans les discussions auxquelles a donné lieu la doctrine

transformiste que parce que Buffon avait vu dans le croisement des espèces
originellement créées par Dieu la source des espèces nouvelles. On a invo-
lontairement confondu l'hypothèse de Buffon avec l'hypothèse autrement
compréhensive du transformisme et l'on a pensé anéantir la grande doctrine de Lamarck en frappant celle de son maître. On ne s'est pas aperçu
qu'en prenant comme un fait initial la définition physiologique de l'espèce
à laquelle nous sommes parvenus, comme résultant expérimentalement des
croisements, on renversait le problème à résoudre. Il ne s'agit pas de
savoir, en effet, s'il existe des formes vivantes dissemblables entre lesquelles les croisements sont possibles et qui sont seulement de *race* différente; d'autres entre lesquelles les croisements sont impossibles et qui
sont d'*espèce* différente; cela tout le monde l'admet; mais de savoir si ces
dernières formes ont été ainsi séparées de tout temps ou si les plus voi-
sines d'entre elles ne se sont pas graduellement séparées d'une souche
commune; il s'agit, dans ce dernier cas, d'expliquer comment ce résultat
a été atteint. Toute la longue argumentation contre le transformisme à
laquelle les résultats des croisements ont donné lieu passe donc à côté
de la question. Entre les animaux d'espèce différente, les croisements sont
impossibles! D'accord. L'impossibilité de ces croisements maintient la séparation entre les espèces! D'accord. Mais pourquoi les croisements entre
espèces différentes sont-ils impossibles? Vous répondez : parce que les espèces sont séparées. C'est justement le point d'où nous sommes partis. La
pétition de principes est flagrante.

Conclusion. — *Le laboratoire maritime du Muséum et la morphogénie expérimentale.* — Il résulte clairement de cette discussion, nous semble-t-il,
que si l'on s'en tient aux faits rigoureusement établis, la doctrine de la
descendance, telle que l'a établie Lamarck et complétée Darwin, demeure
au-dessus de toute atteinte; il en résulte aussi que les discussions qu'elle a
soulevées tiennent avant tout à une méthode vicieuse de raisonnement qui
est encore couramment usitée dans les sciences naturelles et qui consiste
à renverser constamment les questions et à prendre comme pivot des explications et des raisonnements, des faits qui, loin de pouvoir servir à expli-

quer les autres, sont justement les faits à expliquer. On prend la fixité des
espèces, singulier phénomène dont l'explication est un des problèmes les
plus attachants de la science, comme la base même de celle-ci, et tout
pivote autour de cette fixité; de même on a longtemps prétendu expliquer respectivement les Cryptogames inférieurs et les Polypes à l'aide de
conceptions fournies par l'étude des seuls Phanérogames et des seuls Vertébrés. Aujourd'hui cependant la méthode des naturalistes commence,
on n'en peut douter, à s'orienter vers une autre direction; à mesure que
le temps s'écoule, que les faits plus nombreux s'accumulent, le besoin
d'une claire coordination, dégagée autant que possible de toute hypothèse,
s'impose plus impérieusement. Les naturalistes comprennent qu'il y a tout
avantage à introduire dans leur science la méthode que les mathématiciens
ont imposée aux physiciens et que Gœthe leur recommandait déjà lorsque,
après leur avoir conseillé de ne pas composer seulement la science d'observations isolées et de vues très générales, mais *d'aller de proche en proche
et de tirer les conséquences les unes des autres*, il écrivait : «Cette méthode
prudente nous vient des mathématiciens; et quoique nous ne fassions pas
usage de calculs, nous devons toujours procéder comme si nous avions à
rendre compte de nos travaux en géomètre sévère [1]. » Nous sommes encore
bien loin cependant d'être suffisamment d'accord sur les principes pour
avoir à craindre de longtemps l'avènement de ce mathématicien diligent.
C'est ainsi que l'on attribue encore deux significations exactement oppo-
sées à la division en segments du corps de la plupart des animaux bi-
symétriques et que l'embryogénie a soulevé plus d'orageuses discussions
que résolu de problèmes.

A ce point de vue, comme à bien d'autres auxquels nous nous sommes
placés dans cette étude, il reste à la science un vaste champ d'expériences qui est à peine défriché. La *Morphogénie expérimentale* est encore
à créer. Buffon, Geoffroy Saint-Hilaire et Lamarck fondèrent autrefois à
des titres divers la Ménagerie du Muséum national d'histoire naturelle
pour y étudier non seulement les habitudes des animaux, mais surtout les

[1] Ét. Geoffroy Saint-Hilaire, *Rapport à l'Académie des sciences sur les œuvres d'histoire naturelle de Gœthe* (Comptes rendus des séances, 12 mars 1838).

questions de variation des espèces, de création de races, de métissage, d'hybridation. La Ménagerie devait, dans leur esprit, fournir un moyen de pénétrer le problème des espèces et d'en faire tourner la solution au profit de l'homme; mais si les Vertébrés que l'on entretient dans les ménageries peuvent fournir et fournissent chaque jour des enseignements et des résultats pratiques de haute valeur, ce sont des êtres trop compliqués, trop parfaits, trop finis pour fournir des documents fondamentaux à la question de la genèse des formes vivantes et de la création des espèces. Comme le disait Lamarck, c'est par l'étude des formes inférieures du règne animal que les problèmes les plus impénétrables en apparence de la science pourront être résolus. C'est à eux que l'on peut espérer appliquer la méthode expérimentale dans la recherche de la genèse des formes. Aussi doit-on considérer comme un précieux couronnement de notre grande métropole des sciences naturelles, comme une digne façon de célébrer son centenaire, l'institution du laboratoire maritime commun à tous les services, qui va cette année même largement ouvrir ses portes aux biologistes comme aux naturalistes voyageurs, dans cette localité de Saint-Vaast-la-Hougue, illustrée par les travaux de Milne Edwards, d'Audouin, de Quatrefages, de Blanchard, de Claparède, de Grube, de Balbiani, de Baudelot, de Thuret, de Bornet, de Jourdain, et de tant d'autres qui ont jalonné la route des travailleurs de l'avenir.

PIÈCE JUSTIFICATIVE.

ÉTUDES PROGRESSIVES D'UN NATURALISTE

PENDANT LES ANNÉES 1834 ET 1835,

FAISANT SUITE À SES PUBLICATIONS ANTÉRIEURES DANS LES 42 VOLUMES

DES *MÉMOIRES ET ANNALES DU MUSÉUM D'HISTOIRE NATURELLE*,

PAR

GEOFFROY SAINT-HILAIRE (ÉTIENNE).

DISCOURS PRÉLIMINAIRE.

Utilitati.

La Convention nationale, au sortir de l'une des plus furieuses tempêtes de ses luttes incessantes, rentra, le 10 juin 1793, dans le cours paisible de ses travaux administratifs par un acte de sagesse providentielle, quand elle fonda à Paris un haut enseignement pour toutes les branches de l'histoire naturelle. On a pu lire dans la page précédente les noms des savants appelés à composer le personnel de cette école, et l'on ne sera point surpris de son succès d'hommage et de célébrité dans toute l'Europe. Ce qui donna à ce résultat son principal motif, ce fut moins le souvenir de quelques importants écrits déjà publiés, que le soin que prirent ces maîtres de la science de ne point borner leur enseignement aux limites de leur établissement : ils le répandirent au loin, au moyen d'une publication périodique sous le nom d'*Annales du Muséum d'histoire naturelle*. On connaît tout le succès qu'obtint cette belle entreprise, qui fut peut-être dû beaucoup moins à la capacité des auteurs et à leur zèle constamment soutenu, qu'à leur excellent esprit d'association qui avait tenu bien séparés et les travaux, et les intérêts, et qui avait rendu si parfaitement inébranlables les sentiments d'estime et d'attachement qui unissaient tous les coopérateurs, dont aucune collision ne vint troubler l'harmonie.

D'autres temps, d'autres mœurs! Les *Annales* ont depuis été considérées comme une *affaire*. On a cru remarquer dans ces derniers temps que le public paraissait préférer

8.

des habitudes de premier âge, et le service [1] exclusif des Descriptions et des Classifications : alors quelques-uns crurent utile de donner, à ce sujet, et d'autres durent recevoir des conseils. Il ne fallait point, fut-il observé, par une tendance heurtément
progressive, choquer le goût général, et cette insinuation allait nommément à mes
écrits; si bien qu'il arriva que je dus cesser ma coopération. (Voir une note, page 78.)
On alléguait pour motifs que les *intérêts matériels du libraire* ne devaient point être
perdus de vue.

Cependant je me croyais engagé dans une *mission;* j'y avais foi, et je ne voulus pas
interrompre brusquement des habitudes de recherches et de publications qui me plai-
saient. Dans cette occurrence, je pris résolument mon parti; seul, je fournirai aussi mon
volume d'*Annales;* seul, et sans l'assistance d'un libraire, je pourvoirai à tous les soins
matériels du ressort de cet agent. Et s'il était vrai que j'eusse frondé l'opinion des naturalistes de l'âge actuel, je me décidai à écrire pour ceux des temps à venir. On alla
jusqu'à supposer qu'aucun exemplaire, frappé de ce démérite, n'entrerait en circula-
tion; j'y serai, non indifférent, mais patient. Je me sens capable de courage, de persé-
vérance, et en définitive, me serai-je trompé dans l'espoir qui me séduit, je serai du
moins satisfait sous un autre point de vue. J'aurai fait à mon pays un sacrifice de plus,
et je me sens capable de m'en tenir à l'esprit du sentiment qui m'a fait choisir l'épi-
graphe : *utilitati.*

Peut-être en effet faudra-t-il que je m'en tienne à cette joie d'âme. L'on n'achète
point un livre qu'on n'en soit humblement prié par son libraire; et, en me chargeant
d'être l'éditeur de mon livre, j'ai perdu le droit de recourir à cette intervention.

Quoi qu'il en soit, allons sans interruption sur l'objet principal qui me préoccupe;
il m'a paru qu'aux naturalistes disposés à se charger d'un *nouveau volume des Annales
du Muséum d'histoire naturelle,* une courte notice des progrès de l'établissement serait
agréable. S'il y a quelque chose au monde d'éminemment progressif, c'est notre
Muséum, qui se complète journellement de richesses qui lui parviennent de toutes
parts.

Ce n'est pas moi qui ai le premier songé à satisfaire le goût du public à cet égard.
Ceci est entré dans les vues d'un ouvrage spécial, *Paris moderne :* je n'ai fait qu'accepter
la proposition de me charger de la rédaction de l'article. Or, c'est en m'occupant de ce
travail qu'il m'a semblé que j'en pourrais placer ici le sommaire.

Six époques m'ont paru former naturellement les âges du développement du Muséum d'histoire naturelle. Une septième pourra de plus être indiquée. A chaque âge,
je fais figurer en tête le naturaliste ou l'homme d'État qui y a exercé la plus grande
influence. Voici l'énoncé de ce tableau :

---

[1] Service de premier âge dans les études d'histoire naturelle, bien entendu et utilement formulé
par les Linnée, les de Jussieu (A. L.) et admi-
rablement perfectionné par notre habile et savant
chef d'école Cuvier, mais où il me paraît peu rai-
sonnable de vouloir retenir l'âge actuel, essentiellement progressif et philosophique. (*Vide infrà*, p. 78
et 85.)

TABLEAU DES PHASES DU MUSÉUM

(Voir planche I.)

1. Sa fondation.. Gui de la Brosse.
2. Sa régénération... Fagon.
3. Sa grande et subite extension........................... Buffon.
4. Sa conception unitaire.................................. Lakanal.
5. Son accroissement, en nombre et en savoir.............. Cuvier.
6. Sa magnificence en bâtiments........................... Thiers.
7. Sa portée philosophique dans l'avenir................... .....

Premièrement. — GUI DE LA BROSSE.

La fondation du Jardin date, d'après une première conception non suivie d'exécution, de 1626, et, d'après son érection définitive, de 1635 [1]. Le premier acte d'installation a eu lieu en 1640. Gui de la Brosse ne fit valoir que des motifs à plaire à ses hauts protecteurs, les premiers médecins du Roi, et fit appeler son établissement : *Jardin des plantes médicinales.*

Secondement. — FAGON.

Fagon est né au Jardin des Plantes : sa mère était la nièce de Gui de la Brosse. C'était un esprit droit, vif, et qui réussit par son désintéressement, par une incroyable activité et par sa très grande capacité scientifique, à retirer le *Jardin des plantes médicinales* de l'abîme où d'infâmes concussions l'avaient précipité. Sous son administration, aussi éclairée que bienveillante, fleurirent de grands professeurs, Duverney, Tournefort, Geoffroy, etc.

Troisièmement. — BUFFON.

Sous ce nouveau législateur et second fondateur, l'établissement acquiert une prospérité inconnue que lui imprime l'un des plus grands hommes des temps modernes. Sujet d'une gloire scientifique et littéraire que ne faisaient point présager les fins de sa première destination, de précédemment médical qu'il était, il passe aux fortes et philosophiques études des *Rapports naturels :* ce sont, dans l'intervalle de 1739 à 1788, des développements rapidement progressifs. Les bâtiments et les jardins sont doublés; et les idées, par leur grandeur et leur éclat, suivent ces développements : c'est à faire croire à une féerie intellectuelle.

[1] Je dois inviter les naturalistes à se réunir dans un banquet, au printemps prochain, pour fêter la mémorable fondation de 1635; un poète, de mes amis (A. de Musset), jeune, mais déjà connu par ses chants lyriques et sublimes, célébrera les noms de nos bienfaiteurs; et je demanderai, immédiatement après, qu'il me soit permis de présenter aussi, dans un discours d'érudition, tous leurs titres au souvenir de la postérité.

Quatrièmement. — LAKANAL.

L'établissement se ressent alors, en 1793 [1], du mouvement des esprits et participe au bienfait du renouvellement des idées sociales. La Convention nationale et Lakanal, son organe, lui appliquent la pensée dominante alors, les vues unitaires et philosophiques qui lui manquaient encore. L'établissement est proclamé *Muséum d'histoire naturelle*. Il est dès lors spécialement affecté aux études comparatives et philosophiques de l'univers terrestre : c'est tout le savoir de Buffon, qui est repris et coordonné législativement.

Cinquièmement. — CUVIER.

Le Muséum d'histoire naturelle se formule *arche de Noé* par une consécration, à peu près exclusive, de tous les efforts devant donner à *l'arche* un représentant pour chaque sorte de production naturelle.

Cuvier fournit principalement son activité et son puissant génie d'analyse pour continuer avec plus d'éclat, de savoir et de lucidité qu'on ne l'avait fait jusqu'alors, le magnifique enregistrement des choses, ayant surtout insisté sur les animaux. Les hommages des naturalistes sont irrévocablement acquis à *ses livres admirables : Recherches sur les ossements fossiles* [2] *et règne animal distribué d'après son organisation.*

Sixièmement. — THIERS.

Le Muséum d'histoire naturelle se complète dans son édification matérielle : la ri-

---

[1] Le représentant du peuple Lakanal se présenta, le 9 juin 1793, vers les 3 heures de l'après-midi, chez M. Daubenton : je me trouvai à portée de l'introduire auprès de mon vénérable maître et illustre collègue. Il nous était inconnu à l'un et à l'autre. Lakanal témoigne le désir d'être utile au patriarche de l'histoire naturelle; il s'enquiert de sa situation et des besoins du Cabinet d'histoire naturelle. On s'explique, et un décret est aussitôt improvisé et rédigé. Débattue et améliorée le soir au sein du Comité d'instruction publique, cette loi, qui devra fixer en France et jusque dans l'Europe les destinées des sciences naturelles, fut portée le lendemain même à la Convention nationale et adoptée. Ma gratitude et mon respect pour ce député secourable aux savants et aux sciences en 1793, me portent à annoncer ici qu'enfin M. Lakanal quitte sa métairie, située dans l'Amérique du Nord, sur les bords de la Mobile, où il a eu à supporter un exil volontaire de dix-neuf années, pour revenir dans sa patrie, qui lui rend ses titres et ses honneurs académiques.

[2] On vient de louer de premières idées au sujet des ossements fossiles attribuées à M. Cuvier; ces paroles à effet auraient été communiquées dans la première des séances publiques de l'*Institut national*. Je ne crois pas à trois nuits de durée séculaire, comme ayant été révélées par des études d'ossements fossiles. La raison, qui a ses révélations données par le sentiment des *faits nécessaires*, se refuse à croire qu'il y eut trois créations distinctes et isolées. Il n'est, suivant moi, qu'un système de créations incessamment remaniées et successivement progressives, et remaniées avec de préalables changements et sous l'influence toute-puissante des milieux ambiants. (*Vide infrà*, p. 116 et 119.) M. Cuvier, en donnant, le 1er pluviôse an IV, son beau travail sur les éléphants fossiles, a seulement conçu cette vue géologique, qu'il croyait à *un monde antérieur au nôtre*, *détruit par une catastrophe quelconque*. Voilà ce qui seul pouvait alors entrer dans les allures de circonspection de notre grand zoologiste.

chesse nationale et les merveilles des arts lui sont prodiguées. En l'achevant sous le rapport de tous ses besoins, c'est le destiner à parvenir colossalement à la plus grande illustration où puissent arriver les choses de ce genre. Un ministre du Roi a proposé ce plan d'achèvement et l'a fait admettre par les pouvoirs de l'État.

Septièmement. — . . . . .

L'humanité, en possession de ces riches précédents, incessante dans ses progrès, comprendra qu'elle possède une école devant amener la *maximation* de la philosophie naturelle : cette école, resplendissante de lumières théosophiques, et riche sans doute en idées morales et politiques, sera pourvue de notions qui en indiqueront à chaque chose sa bonne règle. Or ceci apparaîtra, le jour où l'esprit philosophique se dégagera des derniers langes dans lesquels l'enveloppe toujours le fait instinctif de premier âge des Classifications et des Descriptions, et viendra à apercevoir, dans le Muséum d'histoire naturelle définitivement constitué, dans cette miniature du globe, l'harmonie, les rapports et la raison vraie des choses.

A qui l'honneur d'atteindre ainsi le terme des grandeurs de l'humanité demeurera-t-il en gloire ? *A l'esprit de tous.*

Enfin, pour dernière remarque, j'observerai que j'aurais peut-être fourni mon contingent comme naturaliste à cet esprit nécessaire aux fins de cette septième époque, si je ne me suis point mépris dans ma recherche de la loi universelle. (*Vide infrà*, p. 127.) Or, si j'avais eu ce bonheur, que de rendre aux hommes un tel service, *Gloire à Dieu !*

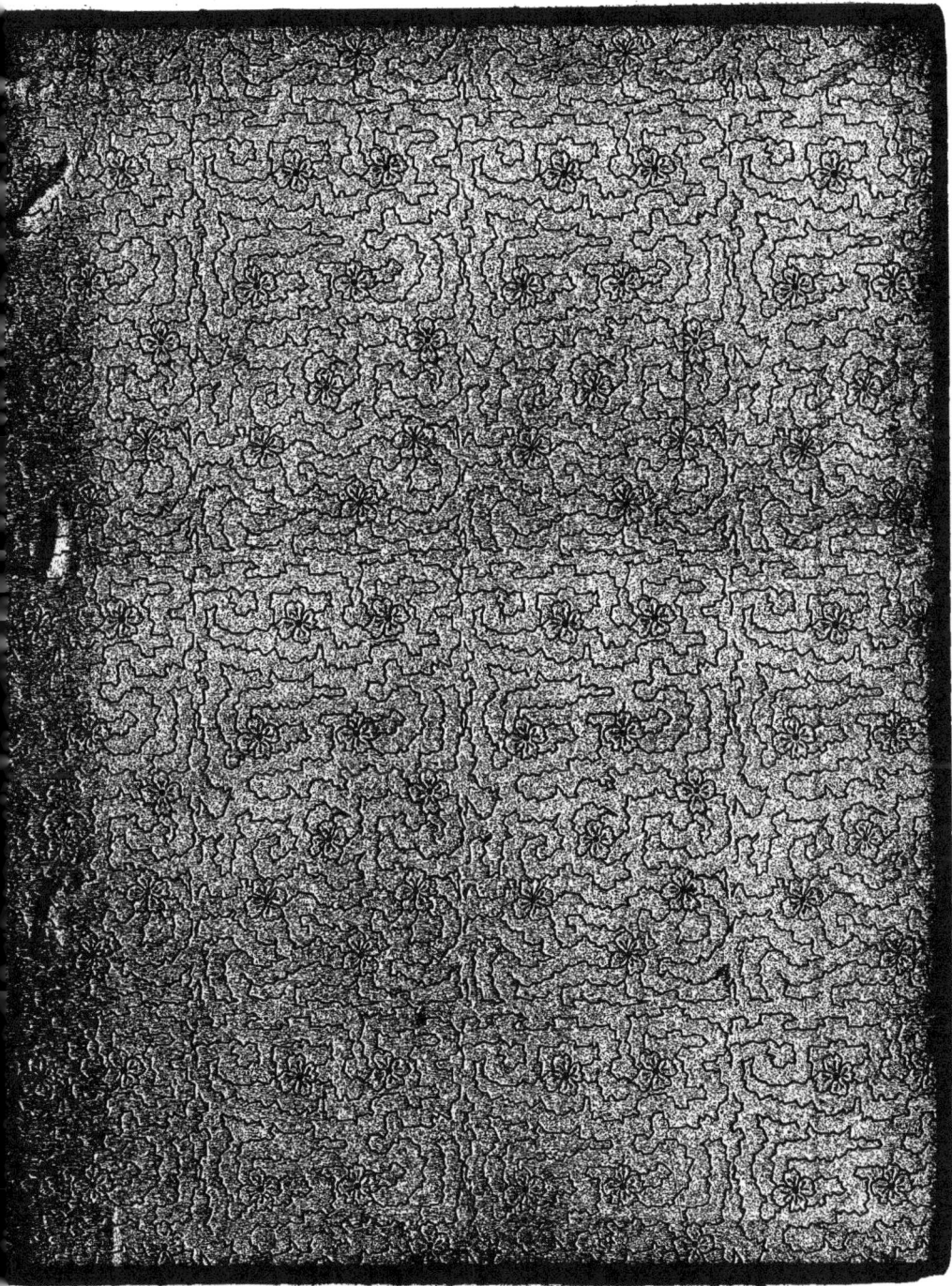

www.ingramcontent.com/pod-product-compliance
Lightning Source LLC
Chambersburg PA
CBHW070856210326
41521CB00010B/1952